U0168543

中国社会科学院创新工程学术出版资助项目

水资源协同安全制度体系研究

王喜峰◎著

中国社会科学出版社

图书在版编目（CIP）数据

水资源协同安全制度体系研究／王喜峰著．—北京：
中国社会科学出版社，2020.10
ISBN 978－7－5203－6630－4

Ⅰ.①水… Ⅱ.①王… Ⅲ.①水资源管理—研究—中国
Ⅳ.①TV213.4

中国版本图书馆 CIP 数据核字(2020)第 097023 号

出 版 人　赵剑英
责任编辑　黄　晗
责任校对　王玉静
责任印制　王　超

出　　版　中国社会科学出版社
社　　址　北京鼓楼西大街甲 158 号
邮　　编　100720
网　　址　http://www.csspw.cn
发 行 部　010－84083685
门 市 部　010－84029450
经　　销　新华书店及其他书店

印　　刷　北京明恒达印务有限公司
装　　订　廊坊市广阳区广增装订厂
版　　次　2020 年 10 月第 1 版
印　　次　2020 年 10 月第 1 次印刷

开　　本　710×1000　1/16
印　　张　16.5
字　　数　230 千字
定　　价　96.00 元

内容摘要

中国水利投入巨大，目前中国水利工程建设取得令人瞩目的成就。中国水危机形势依然严峻并且有深化的趋势，但同时，过去的水利工程能力不足难以满足除水害兴水利的需求，以及由此造成的国家安全能力不足的形势已经得到彻底改变。新形势下，水行业监管能力不足成为中国水资源、水生态、水环境的危机恶化且危害国家安全的主要原因。在这个意义上，需要从国家安全的视野审视中国水资源管理制度，并构建相应的制度体系。

首先，本书梳理了国家安全系统和水资源系统的基础理论，并在此基础上分析两者关联的机制，研究了真正与水资源相关的国家安全的分项有哪些。国家安全内涵已从原有的国土安全、军事安全等传统国家安全，扩展为非传统国家安全，国民安全在国家安全体系中占据最核心的地位。总体国家安全观是国家安全领域的最新成果，在此成果的基础上，提出与水资源系统有较为深刻关联的是国民安全、经济安全、社会安全、生态安全、资源安全、粮食安全、能源安全。有中等关联程度的是政治安全、国土安全、军事安全、科技安全。有较低关联程度的为文化安全、信息安全和核安全。本书将水资源系统综合协同保障以上领域的国家安全以及化解水系统危机危害以上领域国家安全的风险的现象称为“水资源协同安全”。围绕水资源协同安全的制度设计称为“水资源协同安全制度体系”。

其次，本书研究了水资源与国家安全的作用机制。该作用机制可以分为两个大类：保障机制和危机传导机制。根据水资源和国家安全的关联程度，本书将保障机制分为国民安全、经济安全、生态安全、粮食安全、能源安全、总体国家安全等保障机制。本书还研究水危机危害各安全的机制，并提出水危机的传导机制，即从水危机出发到危害国民安全再到危害社会安全最后到危害政治安全的“三个跳跃点”。在水资源和协同安全的双向机制上提出了“环形机制”，即水危机在一定程度上是由不合理保障造成的。

再次，与作用机制对应，在总结水资源管理制度体系现状的基础上，分析了现有保障国家安全的水资源管理制度体系以及应对水危机和危机传导的水资源管理制度体系。

紧接着，对现有水资源管理制度体系的效果进行定性和定量的判断并提出存在问题。目前水资源管理制度体系对国民安全、经济安全、粮食安全、能源安全有较好的保障效果，但是对水危机及其传导的应对存在不足。目前存在的问题包括：国家安全的水资源保障与水危机应对缺少系统性考量，保障子安全水资源的需求之间缺少灵活调控机制，水市场机制缺失，缺乏对水—能源—粮食协同安全的统一考量，节水制度缺乏有效微观激励等；此外还提出了这些问题背后的水资源管理体制、水资源管理机制方面的问题，认为其难以满足新形势下国家安全的要求。

最后，在以上分析的基础上，提出从国家安全视野下设计水资源管理制度体系的“13394”方案，具体来说，一个统一规划、三个机制、三个体制改革、九个具体制度设计、四个具体保障措施。一个统一规划，即《国家水安全中长期综合规划》，“以水定城、以水定地、以水定人、以水定产”，由国家安全委员会牵头，确保该规划优先于城市总体规划、国土空间规划、水污染防治规划、国家主体功能区规划的地位；提出应对水危机的中长期路线和时间表，确保水资源管理制度能够从改变自然、征服自然，向调整人民行为、纠正人民错误行为转变。三个机制，即为行政机制、市场机制、社会管理机制，这三个机制共同作用于具体的水资源管理。三个机制互有分工、互有配合，总的来说行政机制主要作用于宏观的水资源配置和水环境管理，市场机制主要作用于水资源和水环境的市场行为，社会管理机制主要作用于与“生活”密切相关的水资源和水环境的领域。三个体制改革，主要是国家层面部门之间、中央—地方事权划分、流域管理—区域管理改革。在体制改革中，释放应该由市场机制和社会管理机制管理的领域。九个具体制度设计包括：水资源资产化及水市场制度体系设计、强化的水资源节约制度、水资源环境承载力预警制度、资源环境统一规划制度、区域差异管理制度、水环境治理制度、经济安全的制度保障、绩效考核和责任追究制度、水资源社会管理制度。四个保障措施，分别从组织、法律、人才、教育四个方面进行设计。

本书是国家社科基金项目“国家安全视野下水资源管理制度体系研究”的最终成果。为了研究报告的整体性和系统性，本研究报告分为上、下两篇。上篇为主报告，下篇为支撑报告。主报告对国家安全视野下水资源管理制度体系进行研究，组成完整体系。支撑报告是为了支撑相关章节，对微观水资源系统和国家安全系统的机制进行的研究，章节之间相互独立。

目　录

上篇　水资源协同安全制度体系研究主报告

第一章　绪论 ……………………………………………… (3)

第一节　研究背景及意义 …………………………………… (3)

一　水资源关系社会经济发展的各个方面 ………………… (3)

二　中国水危机不断深化 …………………………………… (6)

三　新形势亟须水资源管理制度的创新 …………………… (9)

第二节　国内外研究进展及本书的努力方向……………… (11)

一　国外研究进展…………………………………………… (11)

二　国内研究进展…………………………………………… (18)

三　现有研究的不足………………………………………… (23)

四　本书研究的方向………………………………………… (24)

第三节　研究内容及技术路线……………………………… (24)

第二章　国家安全视野下的水资源协同安全………………… (27)

第一节　总体国家安全观的指导地位……………………… (27)

一　国家安全………………………………………………… (27)

二　总体国家安全观………………………………………… (28)

三　国家安全的体系………………………………………… (30)

四 国家安全的内涵扩展…………………………………………（33）
五 传统国家安全与非传统国家安全……………………………（37）
六 风险和危机的传导机制………………………………………（39）
第二节 国家安全视野下的水资源系统……………………………（41）
一 水资源相关概念界定…………………………………………（41）
二 水资源系统的组成……………………………………………（44）
三 水资源系统内作用机制………………………………………（48）
四 水资源系统稳定的内涵………………………………………（51）
第三节 水资源协同安全……………………………………………（52）
一 水资源在国家安全体系之内…………………………………（52）
二 国家安全是水资源主体系统的特殊要求……………………（52）
三 水资源协同安全定义…………………………………………（53）

第三章 水资源系统与社会经济系统的作用机制………………（56）
第一节 水资源系统的保障机制……………………………………（56）
一 水资源系统保障社会经济系统的机制………………………（56）
二 水资源系统保障粮食安全机制………………………………（59）
三 水资源系统保障能源安全机制………………………………（66）
四 水资源系统保障生态安全机制………………………………（69）
五 水资源系统保障经济安全的机制……………………………（72）
第二节 水危机危害国家安全机制…………………………………（78）
一 水危机危害的传导机制………………………………………（78）
二 水危机危害粮食安全的机制…………………………………（83）
三 水危机危害能源安全的机制…………………………………（84）
四 水危机危害经济安全的机制…………………………………（85）
五 水危机危害生态安全的机制…………………………………（87）
六 区域性水危机危害国家安全全局的机制……………………（87）
第三节 水资源与国家安全的双向影响机制………………………（88）
一 国家安全需求对水资源系统的影响…………………………（88）
二 水资源与国家安全的相互作用机制…………………………（88）

第四章　协同安全视野下的水资源管理制度现状……………… (90)
第一节　中国总体水资源管理制度体系梳理…………………… (90)
一　基本水资源管理制度体系……………………………… (90)
二　水资源管理体制………………………………………… (93)
三　中国水资源管理具体制度设计………………………… (99)
四　中国水资源管理的基本特点及不足 ………………… (107)
第二节　协同安全下的水资源管理制度体系 ……………… (112)
一　协同安全下的水资源管理制度 ……………………… (112)
二　保障饮用水的管理制度 ……………………………… (116)
三　保障粮食安全的水资源管理制度 …………………… (118)
四　保障能源安全的水资源管理制度 …………………… (119)
五　保障生态安全的水资源管理制度 …………………… (121)
六　保障协同安全的重点领域和区域保障 ……………… (122)
七　保障体系的考核制度 ………………………………… (124)
第三节　水危机应对及传导阻断的水资源管理制度安排…… (124)
一　水危机应对的制度安排 ……………………………… (124)
二　紧急情况调度预案制度 ……………………………… (126)
三　风险消解制度 ………………………………………… (127)
四　风险和危机的事前管理制度 ………………………… (128)
五　专门机构的设立和专门规划的制定 ………………… (128)

第五章　协同安全视野下水问题的诊断 ………………………… (130)
第一节　保障协同安全的基本效果 ………………………… (130)
一　中国基本水情 ………………………………………… (130)
二　水资源协同安全的基本效果 ………………………… (134)
三　中国水危机的基本判断 ……………………………… (137)
四　中国水危机传导情况判断 …………………………… (140)
第二节　协同安全视野下水资源关键问题的判断 ………… (142)
一　协同安全视野下水资源问题的实质 ………………… (142)
二　水资源需求的驱动力定量研究 ……………………… (142)

三　基于定量分析的关键问题判断 ……………………… (154)
第三节　协同安全视野下中国水资源管理制度存在的问题 ……………………… (156)
一　水资源管理制度存在的主要问题 ……………………… (156)
二　水资源管理体制的问题 ……………………… (159)
三　水资源管理机制的问题 ……………………… (160)
四　在满足国家安全新形势要求方面的问题 ……………………… (162)

第六章　水资源协同安全管理制度体系构建 ……………………… (164)
第一节　水资源协同安全管理制度体系目标和任务 ……………………… (164)
一　水资源协同安全管理的价值目标 ……………………… (164)
二　水资源管理协同安全制度体系设计目标 ……………………… (165)
三　水资源协同安全管理目标 ……………………… (166)
四　水资源协同安全管理任务 ……………………… (168)
第二节　应对措施及制度体系框架 ……………………… (168)
一　协同安全视野下水资源管理对策 ……………………… (168)
二　水资源协同安全管理制度体系方案 ……………………… (171)
第三节　水资源管理体制 ……………………… (172)
一　国家总体层面 ……………………… (172)
二　中央—地方关系层面 ……………………… (174)
三　流域管理—区域管理关系层面 ……………………… (175)
第四节　水资源管理机制 ……………………… (175)
一　行政机制 ……………………… (175)
二　市场机制 ……………………… (176)
三　社会管理机制 ……………………… (176)
第五节　水资源管理制度设计 ……………………… (177)
一　水资源资产化及水市场制度体系设计 ……………………… (177)
二　强化的水资源节约制度 ……………………… (185)
三　水资源环境承载力预警制度 ……………………… (186)
四　资源环境统一规划制度 ……………………… (188)

五　区域差异管理制度 …………………………………（189）
六　水环境治理制度 ……………………………………（190）
七　经济安全的制度保障 ………………………………（191）
八　绩效考核和责任追究制度 …………………………（193）
九　水资源社会管理制度 ………………………………（194）
第六节　水资源管理的保障措施 …………………………（194）
一　加强制度体系建设的组织领导 ……………………（194）
二　完善法律法规 ………………………………………（195）
三　整合部门人力资源建设 ……………………………（195）
四　加强舆论引导和水情教育 …………………………（195）

下篇　水资源协同安全制度体系研究支撑报告

第七章　国外水资源管理制度及借鉴意义 ……………………（199）
第一节　美国的水资源管理制度及可借鉴之处 ……………（199）
一　美国的基本情况 ……………………………………（199）
二　美国的水资源管理体制 ……………………………（200）
三　美国的水资源管理部门设置 ………………………（200）
四　美国的水资源管理制度设计 ………………………（201）
五　美国水资源管理制度的可借鉴之处 ………………（203）
第二节　英国的水资源管理制度及可借鉴之处 ……………（205）
一　英国的水资源管理制度 ……………………………（205）
二　英国水资源管理体制 ………………………………（206）
三　英国水资源管理的基本特点 ………………………（207）
四　英国水资源管理的可借鉴之处 ……………………（208）

第八章　气候变化情景下地下水资源和水环境风险研究 ……（210）
第一节　研究目的 …………………………………………（210）
第二节　研究方法 …………………………………………（211）
一　大尺度区域地下水水环境综合模拟框架 …………（211）

二 分布式水文模型（WEP－L）简介 …………………… (212)
三 基于分布式水文模型的地表水系环境模型 ………… (212)
四 地下水流模型 MODFLOW 简介 ………………………… (213)
五 MT3DMS 模型简介 ……………………………………… (214)
六 气候变化情景 ……………………………………………… (214)
第三节 研究结论 ……………………………………………… (214)
一 气候变化对地下水流变化的影响 …………………… (214)
二 气候变化对地下水质的影响 ………………………… (217)

第九章 基于水资源承载力的中国水资源管理效率研究 …… (220)
第一节 中国省级层面水资源管理效率研究 ……………… (220)
第二节 考虑水资源承载力的水资源投入冗余 …………… (226)
第三节 考虑水资源承载力的水资源管理效率 …………… (232)

参考文献 ……………………………………………………… (244)

上　篇

水资源协同安全制度
体系研究主报告

第一章

绪　论

第一节　研究背景及意义

一　水资源关系社会经济发展的各个方面

（一）水关乎国家兴亡

历朝历代，水都是决定王朝命运的最直接因素之一。据《史记·河渠书》，战国时期，韩国使用“疲秦之计”使秦国修建郑国渠，但适得其反，“于是关中沃野，无凶年，秦以富强，卒并诸侯”。汉武帝为满足对匈奴作战和首都用水需求，兴修漕渠、白渠并昆明池，“有郑、白之沃，衣食之源”“有通沟大漕，溃渭洞河，泛舟山东，控引淮湖，与海通波”；同样，为了巩固对匈奴作战成果，武帝下令“徙贫民于关以西及充朔方”“朔方、河西、西河、酒泉皆引河及川谷以溉田”。兴修的关中水利设施造就了良好的经济和社会条件，保证了对匈奴作战的成功，保障了汉王朝的战略和国家安全。隋王朝是继汉王朝之后另外一个大一统的王朝，为兴兵伐陈，开山阳渎，后又开通济渠和永济渠，形成以洛阳为中心的隋唐大运河，保障了隋唐五代北宋的繁荣与昌盛。后来元朝截曲为直，修建了大都到余杭的“一”字形的京杭大运河，奠定了元明清的统一与安定。

历朝历代，干旱都是威胁王朝统治的最直接事件。中国古代发展严重依靠农业，干旱使得农业难以生产，造成局部或者全部地区人口锐减、财政危机、社会动乱甚至大规模武装起义，危及国家安全。王莽时期，连年久旱，亡有平岁，造成大规模农民起义；“崇祯大旱”造成的农民起义最终埋葬了明王朝；“丁戊奇旱”虽没有造成大规模的农民起义，但是国外天主教赈灾和国内政策连续失误最终使得该事件不再是单纯的灾害事件，而是成为清王朝灭亡的重要导火线。有明显证据表明，水旱变化与中国历史朝代的演替与兴衰有显著的关系。

除了中国以外，水资源同样是影响世界其他国家和地区安全的重要因素。世界上第一个文字记载的条约就是用来解决美索不达米亚平原上 Lagash 和 Umma 国家间的分水问题，美索不达米亚平原上国家对水资源的争夺导致战争不断。由于国家间水资源的竞争性开发和利用，再加上自然环境的变化，美索不达米亚平原上的文明古国最终由于水源的枯竭而消失。

（二）水资源事关社会和区域稳定

中国地处最大陆地和最大海洋的交汇之处，雨热同期为中国带来了灿烂的农业文明，季风气候也带来了复杂多变的水情水势。“水能载舟，亦能覆舟”在某种意义上反映水的利害双重性，既能成就国富民强，又能导致社会动乱。中国古代社会形态的形成和稳定有赖于“治水方式”，魏特夫称之为“治水社会”。在这类地区，人们依靠灌溉生产，需要利用治水来有效维持农业生产。这样的工程时刻需要大规模的合作，需要纪律、服从关系和有效的领导者，这就必须建立全国的组织网。“治水”是影响社会稳定，特别是中国古代社会稳定的最直接因素之一。

在国外，由于对水资源重要性的共同认识，无论是宗教还是有关统治术的论著中，水资源都具有非常崇高的地位。《出埃及记》中上帝是甜水的施予者，并因此要求人们服从。伊斯兰教关于穆罕默德的传说中，水作为一种馈赠，使万物得以生存，每个人都有获得水的权利。印度教中，将水作为生命最初源泉和唯一“永恒”元素。水与冲突似乎也有天然的联系，根据 Webster's 英文字典显示，单词“rival”（竞争、对手）来自于共同使用一个河流（river）的意思。看得出，围绕水资源的冲突由来已久。当今社会，国际水体之间的水资源利用冲突问题同样非常严重。国际水问题专家 Peter Gleick 对全球的水冲突进行分析和总结，发现水冲突在最近几年呈现显著上升的趋势，认为水资源是导致叙利亚冲突的显著因素。在 2006 年夏季以色列和黎巴嫩（真主党）的武装冲突中，水资源冲突是本次冲突的重要原因，对供水设施和水资源基础工程的武装打击是本次冲突的重点，并被认为是相对于摧毁武装力量而言更加有效的措施。

（三）水资源事关发展的各个方面

水是生命之源，人类生存和发展根本离不开水。水是生态之基，生态系统是人类社会的母体，水不但提供人类生存和发展的水源，也为食物提供生长的条件。人类社会与生态系统的和谐稳定需要水资源循环伴生的营养物质循环，需要水文过程对气候的调节，需要水对污染的运移、分解和降解等。这些水资源的物质和功能条件对国民安全的保障直观至关重要。

中国国际河流（湖泊）数量为 110 条，其中主要的有 41 条，涉及的国家有 19 个，影响 30 亿人。对国际河流（湖泊）水资源的开发和利用不但影响着中国 1/3 的领土，还影响着中国周边国家和地区的和平与稳定。这些国家和地区是中国的战略重点区域，也是“一带一路”的重要部分。因此，水资源的开发利用关乎中国的外部安全和内部安全。

水资源事关发展问题和安全问题，安全是发展的基础，发展是安全的保障。水资源是人类经济社会发展的基础，人类经济社会发展也反过来促进水资源高效利用、节约和保护，缓解水危机，保障资源安全、生态系统、能源产业发展和粮食生产等一系列国家安全。

水资源事关自身发展和全球共同发展。水圈作为地球表层最重要的圈层之一，是生物圈形成的基础。全球的、区域的水资源循环性和流动性不仅关系到自身的安全，同时也关系到共同安全。随着全球化和工业化的不断深入，水资源对全球的影响不再仅仅是自然系统内的，更是人类社会系统意义上的。水资源对国家安全的影响，不再仅仅是自身安全意义上的，更是关系到人类命运共同体。

水资源是战略性资源，是决定城市分布、土地分布、人口分布、产业分布的关键性资源，是关系国家和区域经济与社会发展的约束性指标，是保障生态、资源、粮食和能源等的关键资源。水资源是生态系统的重要组成因素，水资源数量多少、水资源质量好坏、水文因素、水循环系统等直接关系到生态好坏。水资源量、质、域、能、可持续性都是资源安全的具体含义。例如，水资源是粮食作物生长的必备条件，粮食生产很大意义上是由水资源决定的。又如，能源与水资源密不可分，水资源是火核电、煤化工、石油冶炼等能源工业的必要条件，水资源时空分布对能源产业发展有决定性作用。

二　中国水危机不断深化

受人多水少、时空分布不均等自然条件以及气候变化、经济规模、发展阶段、管理制度等因素的综合影响，中国水资源短缺、水环境污染、水生态破坏等水危机集中大规模突发，并且呈现不断深化的趋势。

（一）水资源短缺

水资源短缺是造成水危机的最直接的因素。据《全国水资源综合规划》统计显示，中国人均水资源量为2173立方米，约为世界平均水平的1/4。水资源时空分布与生产力布局不相适应，北部黄、淮、海、辽流域人口，GDP和耕地面积分别占全国的38%、37%和41%，但是水资源量占比不到10%，人均水资源量仅有500多立方米，其中海河流域不足300立方米。全国有各种水问题的城市为470

个，其中超采浅层地下水的城市有111个，采用不可持续的深层地下水的城市有61个，挤占生态用水的城市有402个。随着中国城镇化进程的逐步加快、城镇人口持续增加，水资源短缺势必对中国城市生产、生活、生态提出新的挑战。

根据《全国新增1000亿斤粮食生产能力规划（2009—2020年）》，到2020年全国粮食生产能力达到5500亿公斤，比2015年增加200亿公斤。作为粮食生产的命脉，水资源依然是制约粮食生产的关键所在。中国水资源和土地资源分布极不匹配，农田水利基础设施依旧薄弱，全国一半以上耕地仍靠天吃饭。在水资源短缺地区，农业用水不足的现象十分普遍。此外，能源是经济发展的基础，根据2010年国务院发布的《全国主体功能区规划》，未来中国将重点在能源资源丰富的山西、陕西、鄂尔多斯盆地、西南、东北和新疆等地建设能源基地，在能源消费负荷中心建立核电基地，形成“五片一带”为主体、点状分布的新能源基地为补充的能源开发布局框架。然而，能源基地大部分位于水资源短缺地区，而水是火电、核电、石油开采、煤炭开采、煤化工、石油化工等能源行业的主要限制条件。在水资源短缺的黄河上游能源基地，能源供给量占全国总量的70%（贾绍凤，2014），能源基地建设加剧了当地的水资源短缺。

水资源短缺是普遍存在的问题。目前，海河流域用水量已经是水资源可利用量的120%，黄河、淮河、辽河水资源开发利用率都超过了合理开发利用率的上限。南方流域虽然水资源总量丰富，但是部分区域、部分时段水资源短缺问题时有发生。

（二）水污染严重

中国水污染情况十分严重，在全国水体的水质评价中，水质差的水体多位于人口密集地区，严重影响着供水安全、国民安全和国土安全。《2016年水资源公报》显示全年Ⅲ类水以上河长占总河长的23.1%以上，其中劣Ⅴ类水河长占9.8%。在主要湖泊中，总体水质为Ⅳ类以上的数量约占总数的76.3%，处于富营养状态的占

78.6%。太湖、滇池、巢湖全年Ⅴ类水以上。水功能区约一半没有达到功能区水质目标。在全国重要江河湖泊水功能区中，不符合水功能区限制纳污红线主要控制指标要求的约占45.5%。水库水质在Ⅳ类以上的约占12.5%，富营养水库的占比为28.8%。省界断面水质Ⅳ类以上的占比为32.9%。地下水水质近80%难以达到要求，其中"三氮"污染情况较重，部分地区的重金属和有毒有机物污染较为严重。全年水质合格率在80%以上的水源地占比仅为80.6%。根据《2017年中国生态环境状况公报》，中国酸雨频率为10.8%，近海海域水质较差，主要污染物为无机氮和活性磷酸盐，四类和劣四类占比为24.1%，较2016年上升5.8个百分点。根据住建部全国普查，中国城镇供水水质问题仍比较突出，自来水水厂出厂水质达标率为58.2%。在农村饮用水质问题上，根据水利部、卫生部、国家发展改革委对农村饮用水不安全人数复核的数据来看，农村饮用水不安全人数为29810万人，其中饮用水水质不达标的为16755万人，占饮水不安全人数的56.2%。除了农村饮用水水质问题之外，灌溉水质也存在很大问题，污水灌溉和矿产开采造成了灌溉水重金属超标。在煤炭开采区域，地下水进入废煤矿矿床，溶解污染物，形成污染严重的"老窑水"，流入地表地下水体，造成了严重的破坏。

（三）水生态不可持续

中国水生态问题主要是由人类对水资源的消耗和对水资源环境的破坏而引起的生态系统过大的破坏，这会危及生态系统的健康和可持续发展，而生态系统是国家安全的重要一环。

自20世纪80年代开始，白洋淀连续干涸。20世纪90年代，塔里木河下游台特玛湖、黑河下游居延海、石羊河下游青土湖干枯，黄河干流断流。这些沙漠地区的湖泊对整个西北地区乃至整个中国的生态系统而言都非常重要。这些湖泊是当地的主要人口聚集区，水生态系统的破坏和不可持续造成当地社会经济难以为继，居民生产生活困难。这不但威胁生态系统、资源安全，更威胁边疆地区国土安全、国民安全、政治安全和社会安全。黄河流域的水资源开发利用和生态的矛盾依旧没有解决。特别是近年来，黄河来水来沙的绝对量存在“L”形趋势，对黄河两岸的水生态存在一定的影响，具体影响程度和性质还有待进一步证实。中国北方地区河流断流问题普遍存在，河流的生态功能受到破坏，生态流量问题较突出。在南方水资源丰富地区，一些缺少系统考量的水利工程对生态造成一定的破坏。在用水矛盾不断突出、水资源演变形势多变的情况下，以上水生态不可持续的问题不是少数的个例，而是普遍存在的。

三 新形势亟须水资源管理制度的创新

（一）水危机深化并危害社会经济发展的可能性较大

这种可能性主要存在以下四个方面。一是水安全受到威胁。二是水危机能够导致其他危机，危害经济社会发展。例如，水资源短缺可以直接威胁粮食生产、能源产业发展，水生态破坏直接威胁生态系统和资源安全。这些安全都是国家安全的重要方面，一旦形成危机，将对国家安全造成致命打击。三是水危机在更多层次和更深广度上威胁经济社会发展。例如，实践证明区域性水污染已经严重制约了中国部分区域的生产力发展；反之，优良的生态环境和先进技术一起支撑了中国沿海经济的持续发展。习近平总书记指出保护生态环境就是保护生产力。四是在中国特色社会主义新时代，水危机是社会主要矛盾的重要方面之一。首先水危机制约人民群众美好生活；其次水危机正是发展的不平衡不充分形成的问题。这对社会稳定形成考验。在进入中国特色社会主义新时代之际，在为实现中国特色社会主义强国建设过程中，推动创新发展、协调发展、绿色发展、开放发展、共享发展，前提都是国家安全、社会稳定。水的基础性、战略性、公益性使得其在践行新发展理念、构建新经济体系，生态文明和美丽中国建设，提升和保障人民生活水平中具有极其重要的地位。

（二）中国水利工程已具有较高水平

中国历来重视水利事业，水利工程已具有较高水平。党的十八大以来，水利建设取得了重大成就，是水利建设速度最快、水资源管理最严格、水利改革力度最大、水利综合效益最好、人民群众受益最多的时期，中国已经成为名副其实的水利大国。就工程建设而言，中国取得了以下突出成就。一是主要水利工程设施建设总量巨大。根据2016年《中国水利发展公报》，中国已建成五级以上江河堤防29.9万公里，已建成流量为5立方米/秒及以上的水闸105283座，已建成各类水库98460座，水库总容量8967亿立方米；全国设计灌溉面积大于2000亩以上的灌区共22689处，灌区耕地灌溉面积37208千公顷；全国灌溉面积73177千公顷，其中耕地67141千公顷，占全国耕地面积的49.6%；全国节水灌溉工程面积32847千公顷，其中喷灌、微灌面积9954千公顷。全国已累计建成日取水大于等于20立方米的供水机电井487.2万眼，已建成装机流量1立方米/秒以上的91820处。已建成农村水电站47529座，装机容量7791万千瓦，占水电总容量的23.5%。二是已建成较高水平的重点水利工程，长江三峡、黄河小浪底、龙滩、溪洛渡、南水北调工程等一批水利工程都堪称世界之最。三是水利科技具有较高水平。一批重大水利科技项目得到组织实施，重大水利问题得到突破，23项科技成果获得国家科技进步奖。中国自己培养的水利科学家和工程师在国际学术机构担任重要职务，水利科技人才总量达到70.2万人。

（三）新形势需要水资源的制度创新

在中国水危机深化，水利工程不断完善的情况下，化解水危机，新形势下亟须水资源管理制度的创新。美国在20世纪30年代起，为保障供水、化解水危机，建造了一大批水利基础设施，上马了大型调水工程。这些水利工程为美国走出经济大萧条，为美国经济发展做出巨大贡献。但是同时，美国部分河流干涸，有些河流，如科罗拉多河几乎没有流量入海。一些地下含水层面临枯竭、一些河流遭遇严重的水污染，有些河流入海后危及海湾的生物。水资源短缺、水环境污染、水生态破坏等水危机凸显。美国联邦政府相继出台一系列水资源管理制度，如《清洁水法案》等；州政府也出台各自的水资源管理制度，水危机得到化解。Gleick 将水利工程作为“硬路径”，将水资源管理作为“软路径”，认为仅依靠“硬路径”建造一个工程解决一个问题，但会造成另外一个问题，需要再建工程来补充，要解决水资源问题，需要依靠软路径。从以上分析可以看出，从国家安全的视野来看，解决水危机及水危机向其他危机的传导，需要水资源管理制度的创新。

第二节　国内外研究进展及本书的努力方向

一　国外研究进展

国外对水资源管理的研究主要集中在提高水资源效率视角下的水资源管理、应对气候变化的水资源管理、面向水环境改善的水资源管理、减缓水生态危机的水资源管理、基于水资源可持续发展的水资源管理、水资源综合管理（格拉姆鲍夫，2011），水资源管理中的补偿问题，用水矛盾协调机制、水权问题和水价问题（佩特拉，2011）等。

就水资源管理制度而言，水资源综合管理（Integrated Water Resources Management，IWRM）是国外水资源管理制度研究的热点，是当今国际水资源管理的最主流、最全面模式之一。水资源综合管理将原有的“部门化”“碎片化”的水资源管理制度整合，形成统一、系统、一体化的水资源管理模式。但水资源综合管理将目标划分为三个维度：经济效率、社会公正和生态可持续，忽略了国家安全，特别是地缘安全、政治安全等与水资源有很大关系的部分，这也使得水资源综合管理制度具有一定的局限性。在国家水资源制度体制层面上，根据水资源和管理特点，分别有美国的流域管理与行政区域管理结合的体系、法国的流域分级管理体系、日本的中央政府集中协调下的分部门管理体系等。国外研究的基本共识是水资源系统是十分复杂的，对其科学管理需将管理制度体系与演变规律紧密结合。此外有学者认为政府管理体制难以对每一个用水者所面临的千差万别的问题做出及时合理的反应，政府管理的无效率是导致灌溉系统运行不理想、水资源短缺等问题的主要因素（Tang，1992；Meinzen-Dick 等，2002）。

国外基于国家安全的视角对水资源管理制度体系的研究尚未像上述的水资源管理制度那样深入展开。但是，随着国家安全的深度和广度的不断拓展、水资源管理客观环境的改变、人类主观价值的演变以及水科学的发展，国家安全下的水资源管理研究也在以下四个方面形成非常有特色的进展。一是基于潜在国家间冲突考虑的国际共享水体的制度研究（Bullock 和 Adel，1993；Christina Leb，2013）；二是基于环境污染和生态破坏等非传统危害国家安全因素的水资源管理制度研究（Jutta 和 Toope，1991）；三是潜在的和正在进行的全球变化威胁水自身安全从而进一步威胁国家安全的研究（Neville，1989）；四是从国家安全的各个领域安全出发的水资源管理研究（White，2014），等等。

将国外的研究分为这四个方面是基于国际上冲突和发展的现实和唯物史观视角。首先，领土和主权的冲突一直是国家间冲突的绝对重要方面，这并不随着冷战的消失而消失，国际河流（水体）问题一直以来被认为是引发国际战争和实施国际战略平衡的重要方面，在国际河流问题的演变中，从 19 世纪—20 世纪初的国际航道问题，到 20 世纪 70 年代的水环境问题，再到现在国际河流的水资源量、质、能、域各个方面问题的交织。国际河流是国家主权和国家发展权的问题焦点所在，既反映了沿岸国家安全基本点，也反映了涉及沿岸国家安全非常广泛的问题。国际河流是国家间的直接冲突点，也是直接涉及水资源自身的问题，特别是在2014年《联合国国际河道公约》（*United Nation Watercourses Convention*，*UNWC*）正式实施后，该问题成为研究的热点。其次，资源、生态、环境问题从20世纪中叶开始成为影响人类社会的重大现实问题。人类社会认识到不可持续的发展方式最终会威胁人类自身安全，20世纪70年代，美国等发达国家开始着手从制度层面改善水环境、水生态（例如《清洁水法案》的制定）。再次，潜在的或者正在进行的全球变化深刻影响着水资源本身，并从多种途径威胁国家安全，有的国家从水资源管理制度层面应对全球变化下水资源安全对国家安全的负面影响。最后，水资源的量、质、能、域对于保障能源产业发展、粮食生产、社会稳定等国家安全重要内涵有着不可替代的作用，有必要对保障这些方面的水资源管理制度进行研究。

（1）国际共享水体的研究。传统的从国家安全角度出发的水资源管理制度的研究将国际水冲突、水政治、水外交以及水合作等问题作为研究对象。比较有代表性的有：Freeman（2000）将中东的两河流域作为研究对象，从伊拉克、叙利亚、土耳其的国家安全问题和三个国家间的水资源冲突以及国家法的角度出发研究分析这三个国家在水合作、共享水体的冲突解决机制等问题上的可能。Kibaroglu（2014）从土耳其国家的角度出发，分析土耳其水外交的政策，并从国内发展安全的角度分析土耳其采用与国家法相悖的水外交政策的原因。Swain（1999）提出了国际河流沿岸国家避免战争的国际河流的水资源管理制度框架，包括将流域作为一个单元进行制度设定，认为进口并且不出口“虚拟水”，不仅仅要依靠外交人员、政府和非政府实体机构解决国际河流问题，争取政治主动权，而且要在社会和文化的范畴考虑国际河流问题，清晰界定河流系统和合理的用户，对开发利用和占用确权，借助合理的争端解决机制、外部支持和监督措施。Jones（2000）对美国和墨西哥之间共享水体的协议进行了研究，分析国际水资源管理制度的服从机制，包括自愿合作机制、强制的环境影响评价机制、委员会制度、信息交换制度、避免争端机制及建立边界环境委员会和北美开发银行等。上述部分措施在国际共享水体（国际河流）的很多流域已开始进行实践，其中，为了规范国际共享水体的开发、利用和保护，降低区域战争风险和全球命运共同体的安全考量，联合国在1997年通过了非航运国际水道公约（UNWC）并于2014年正式实施，UNWC采用了强制第三方争端解决机制。

国际共享水体直接关系到国家主权，关于其的水资源管理制度研究成果汗牛充栋，并在实践中取得了一定的效果。但是，从国家安全的视角出发，国际共享水体的困境还在于当然的各自国家利益的考量，特别是关系国家安全的国内能源产业发展、粮食生产、发展安全、国民安全和国土安全等，但对国际流域的命运共同体缺乏深刻认识。

（2）资源、环境和生态系统视角下的水资源管理制度研究。随着经济快速发展，出现了资源、环境和生态的问题，在危害国民健康、国土安全的同时，也形成了破坏社会和国家稳定的不和谐因素。在水资源领域，水资源短缺、水环境污染和水生态破坏是威胁水自身安全的三大因素。除此之外，水危机也与其他资源、环境和生态问题有确定的、复杂的关系。在应对水问题时，水资源制度等“软路径”（Soft Path）被认为是关键所在。在解决资源、环境和生态问题时，要将完善水资源制度作为重要的抓手之一。在国际政治层面，水资源、水环境和水生态问题都作为水政治问题在国家间解决，也包括国际共享水体的研究，因此，在对资源、环境和生态系统的研究中，本书不再关注国家间的相关问题。

在工业革命以前，水问题已困扰着农业生产、国民生活和国家战略，因此国外的资源和环境经济学诞生于农业经济学领域（Lichtenberg等，2010）。在水安全的研究中，大部分研究将水资源短缺作为威胁水安全的重要内容，认为保障水安全就要解决水资源短缺问题，在制度层面宜采用经济和行政的手段去解决水资源短缺问题。Chandrakanth（2015）从外部性、水资源价值、用水户之间博弈出发，将水资源作为农业生产的基本要素，利用水文特性和微观经济学研究灌溉用水导致水短缺问题，该研究是对灌溉用水造成水短缺问题的一系列研究。水资源规划制度基本上是各个国家水资源开发、利用和保护的基础性制度，Gleich（2003）认为在实际预测中，水利工程师通常采用最保险的预测方法，预测用水需求基本上都数倍于之后发生的实际需求，这种过高的预测造成了大量的不必要的水利设施的修建，并危害生态环境安全，通常需要修建更多的水利设施解决其造成的生态环境危机。

PiGou（1952）认为保护后代和当今居民的安全是政府明确的责任，应通过政策制定和立法监督保护国家有限的自然资源，使其免受无序和不顾后果的开发的破坏；并认为要依靠税收、公债、有保障的收益等制度设计来引导企业投资资源环境生态保护。Krutilla（1967）、Arrow 和 Fisher（1974）利用成本收益分析研究了水利工程的修建对缓解水资源短缺的影响。Gisser Micha（1983）对采用这两个水权制度的两个州的地下水情况进行了政治经济学的分析，认为优先取水权使得用水达到了接近帕累托最优。“公地悲剧”和外部性问题在水资源“量”和“质”中存在。其中外部性的研究在水环境领域更为常见。庇古税和可交易（转让）的许可是针对负的外部性的重要制度措施。然而，由于水污染的复杂性，将农业面源污染等影响水环境安全的因素纳入到这两个体系中都受到水循环及其伴生过程复杂性和不稳定性等问题的挑战（Kling 等，2009）。基于此考虑，Segerson（1988）提出了基于周围水环境的激励政策来应对农业面源污染问题。由于交易成本和信息不对称性，将“第二好”（Second-best）政策作为在较低信息成本的情况下治理水污染的有效措施（Mapp 等，1994）。在水生态保护方面，对生态价值核算，并据此作为保护制度设计的依据，Costanza 等（1997）对生态系统服务和自然资源资产的价值进行了研究，基本奠定了生态价值相关制度设计的范式，而水在生态价值评估体系中是非常核心的内容。生态价值的研究对于管理制度来说是很大的扩展，特别是将福利测算（Welfare Measures）、选择价值（Option Value）和近似选择价值（Quasi-option Value）（Zhao 和 Kling，2009）引入生态非市场价值核算中。这些方面的研究为缓解和解决水的资源、环境和生态系统问题提供了解决机制。

（3）全球变化威胁水资源安全进而威胁国家安全的研究。全球变化是突出的自然和社会问题，在很多方面对国家安全造成影响，其中全球变化对水资源总量和时空分布的影响是非常核心的环节。Weinthal 等（2015）对以色列、约旦和叙利亚将水资源、气候变化和移民作为国家安全进行不同的考量，通过构建气候变化—水资源—移民的联合研究思路分析气候变化对国家安全的影响。根据其研究，由于气候变化，叙利亚在 21 世纪之后发生了严重的干旱和水资源短缺，但是官方忽略了水资源短缺和严重干旱对国内移民的影响，并且跨境的移民问题也没有考虑，给叙利亚造成了许多不好的后果。Breshears 等（2005）认为由于气候变化造成的干旱频发，将会对区域的生态造成毁灭性的打击，部分地区的植被已濒临灭绝，严重影响生态系统。Grimm 等（2008）认为全球环境的变化导致区域环境剧烈变化，城市生态在城市化的世界中，自身呈现出对可持续发展挑战的既有问题的一面，也有解决问题的一面；其中城市化对于水文系统的局地的到区域的影响以及城市废水的排放是影响全球地球化学循环和气候变化的重要方面。全球变化是客观存在的，并且是一直在发生变化的。全球变化的大环境改变了水循环的大系统，进而在局部地区、局部时段有相对较大的体现。这种自然的变化对当地的社会经济造成很大的影响，进而在很多方面影响国家安全。例如上述 Weinthal 等的研究得出的中东移民问题，如今，中东的移民问题已不仅仅影响所在国的国家安全问题，对欧盟各国来说也是巨大考验。可以看出，全球变化导致的各种水资源、水环境、水生态的变化对国家安全造成深刻的影响。

（4）国家安全出发的水资源管理制度研究。从国家安全出发的水资源管理的研究相对较多，比较有代表性的研究有：粮食生产视角下的水资源管理制度（Gohar 等，2013）、土地资源和环境资源安全视角下的水资源管理制度（Twomlow，2008）、渔业视角下的水资源管理制度（Hossain 等，2006）、生态系统安全视角下的水资源管理制度（Jewitt，2002）、跨界河流的水资源—能源—粮食生产下的水资源管理制度（Keskinen 等，2015）、饮水保障视角下的水资源管理制度（Kayser，2015）、河口和滨岸湿地视角下的水资源管理制度（Sheaves 等，2014）。可以发现，这些研究多从与水资源有直接关系的能源、粮食、土地、环境、生态等角度出发研究国家安全视野下的水资源管理，而对于其他方面的国家安全视野下的水资源管理研究涉及较少。

（5）水资源管理制度与水危机的研究。不合理的水资源管理制度直接造成水危机。管理制度是人类社会稳定自身系统的措施。是社会利益相关方之间博弈的规则，由正式规则、非正式规则及其实施效果构成。制度和技术一起通过决定构成生产总成本的交易和转换（生产）成本来影响经济绩效。在制度和技术之间，存在着紧密联系，因此市场的有效性直接决定于制度框架。水资源管理制度是用来规范水资源开发、利用、节约与保护行为的准则。不合理的水资源管理制度是造成水问题、水危机的直接原因。科学有效的水资源管理制度是有效应对水危机，解决水问题的有力措施。

不合理的水资源管理制度造成的水危机十分常见，不合理的水资源管理制度体系不但不能有效保护水资源、水环境、水生态，反而会对其可持续性造成严重伤害。Micha Gisser 在 1983 年对美国西部的新墨西哥州和亚利桑那州的地下水资源管理制度进行了案例比较分析，发现两个州的地下水资源管理制度的差别（新墨西哥州地下水管理中采用优先占用权原则，并将其用于地下水水权的分配之中，亚利桑那州采用依靠政府管制的合理使用原则）是造成两个州水资源可持续性差异的决定原因。新墨西哥州采用的地下水管理制度符合经济逻辑和内部一致性，并能够提供可行的地下水市场的稳定框架，实践证明是成功的；亚利桑那州不合理的地下水资源管理制度不但造成水问题突出，更造成了政治危机，最后不得不出台新的法案以弥补不合理的管理制度造成水危机。

解决水问题、水危机离不开水资源管理制度的创新。在澳大利亚墨累—达令河流域，水资源管理制度随着水问题的变化而进行创新，在第一个流域规划出台的时候，由于羊毛贸易的驱动，大部分内容是关于航道整治，而关于水资源管理制度方面，只是为了提供更多的水。由于各个用水户、流域各个州之间的强烈用水竞争，流域规划宣布失败。第二次流域规划，虽然制定了《墨累河分水协议》对水资源进行管理，但是缺乏对社会和环境的基本考虑，各州对墨累河支流水量无节制取用，使得规划必须修改。第三次规划和第四次的规划，针对之前产生的水问题，挖掘其背后的管理因素，将水资源环境管理纳入水资源管理制度体系，并且对水资源、土地资源、水质进行统一管理。就实施效果来看，最新的流域规划背后一系列水资源管理制度创新基本解决了流域之前面临的问题。

二　国内研究进展

国内对水资源管理的研究呈现水科学与管理、经济学科交叉的特点。王浩和王建华（2012）认为由于水资源自然条件、气候变化、经济社会规模和发展阶段等综合因素影响，水资源供需安全、环境安全、生态系统受到威胁，极端天气和水污染突发事件频繁发生，威胁社会稳定，对此，要加强水资源管理制度体系建设和完善，其主要途径有夯实水资源安全保障科技支撑、大力推进最严格的水资源管理制度建立、加快建立水资源风险管理应对体系。陈瑞莲等（2011）认为在水资源管理的实际工作中，越来越多的水资源管理超出传统意义上水资源部门或者行业的管理范畴，水资源管理是社会的、公共的管理，需要加强和创新水资源社会管理（治理）。杨得瑞等（2012）认为最严格的水资源管理制度和水资源综合管理制度都应以可持续发展为目标，强调全过程管理，倡导多手段运用，注重跨部门协调和公众参与，兼顾政府与市场，注重法制和体制，但在视角上各有侧重，前者更强调公众参与解决涉水冲突、水土资源的统筹以及更关注风险管理；后者更关注水安全本身。王金霞等（2005）认为现有的水资源管理制度虽然提高了水资源利用效率，但是降低了粮食产量，影响了农业生产。在国家安全视野下水资源管理的研究较少。洪阳（1999）将水安全分为自然水安全和人为水安全，认为水安全通过影响粮食生产、国内政局稳定和国际水安全影响国家安全，是21世纪国家安全面临的重大挑战。2015年第十四届中国国家安全论坛以“水资源与国家安全”为题进行研究。学者从水资源短缺、水污染严重、国际河流复杂多样等水资源风险出发，认为水安全是国家安全战略的重要一环。

国内学者多从水（资源）安全，水资源对粮食生产、能源产业发展、生态系统等的保障，水资源为“桥梁”时气候变化下的国家安全等方面对相关领域进行研究。其中，水（资源）安全的研究相对较多，其他方面的研究相对较少；流域、区域的安全研究较多，国家层面上的研究较少，从国家安全视野下研究水资源管理制度体系基本没有。国内对水资源管理的研究包括三个方面，一是水安全的研究；二是水资源国家安全及子安全的研究；三是涉水风险影响国家安全的研究。将研究分为这三个方面，主要是考虑到中国相关问题研究中的部门化特征。水资源领域学者多关注水安全自身，对应于水行政主管部门和环境保护主管部门；能源、生态、粮食等安全的研究多关注问题自身，对应于各自主管部门；涉水风险研究多是从涉及水资源的其他方面的危机出发影响国家安全的研究，侧重于涉水风险向其他领域的传导。

（1）水安全研究。就与本书研究相似领域而言，国内现有的研究多集中在水安全（Water Resources Security）方面（洪阳，1999；方子云，2001；姜文来，2001；夏军，2002；郑通汉，2003；张翔等，2005；畅明琦，2006；郑芳等，2007；贾绍凤等，2014）。对于水安全的研究成为国内相关领域研究的热点，是在2000年3月举行的“21世纪水安全”会议，海牙部长级宣言之后。此次会议指出，水安全（Water Security）的基本含义是，确保淡水、海岸和相关的生态系统受到保护并得到改善，确保可持续性发展和政治稳定性得以提高，确保每个人都能够得到并有能力支付足够的安全用水以过上健康和幸福的生活，并且确保易受伤害人群能够得到保护以避免遭受与水相关的灾害威胁。同年8月，斯德哥尔摩国际水问题研讨会也将“21世纪水安全”作为大会主题。2001年，水利部、海洋局、气象局和环保局在科技部立项开展“中国水资源安全保障系统的关键技术研究”，将海水利用、污水利用、洪水利用和人工降雨等作为保障水资源安全的关键技术。2004年中国水安全问题论坛举行，会议主题为“水自然科学与水社会科学面临的问题与对策”，与会学者探讨交流了气候变化以及人类活动影响下的中国水安全问题、水科学与社会科学交叉研究的新理论和方法等。

国内水安全研究基本可以分为定义或内涵、研究方法等内容。对于定义而言，成建国等（2004）认为水安全是指一种社会状态，就是每个人都有获得安全用水的设施和经济条件，所获得的水满足清洁和健康的要求，满足生活和生产的需要，同时可使自然环境得到妥善保护。水安全的内涵包括三个方面，一是水安全的自然属性，即产生水安全问题的直接因子是自然界水的质、量和时空分布特性；二是水安全的社会经济属性，即水安全问题的承受体是人类及其活动所在的社会与各种资源的集合；三是水安全的人文属性，即安全载体对安全因子的感受，就是人群在安全因子作用到安全载体时产生的安全感。水安全与水资源系统的丰枯等属性有关，与人类社会的脆弱性有关，与人群心理上对水安全保障的期望水平、对所处环境的水资源特性认识以及自身的承载能力等有关。水安全的外延指的是由水安全引发的社会经济安全和生态环境安全以及这些系统下面的子系统如社会经济系统下的粮食生产、政治稳定等。韩宇平等（2003）将水安全定义为在现在或将来，由于自然的水文循环波动或人类对水循环平衡的不合理改变，或是二者的耦合，使得人类赖以生存的区域水状况发生对人类不利的演进，并正在或将要对人类社会的各个方面产生不利的影响，表现为干旱、洪涝、水量短缺、水质污染、水环境破坏等方面；并由此可能引发粮食减产、社会不稳、经济下滑及地区冲突等。

郑通汉（2003）将水资源安全分为广义水资源安全和狭义水资源安全。广义的水资源安全指国家利益不因洪涝灾害、干旱缺水、水质污染、水环境破坏等造成严重损失；水资源的自然循环过程和系统不受破坏或严重威胁；水资源能够满足国民经济和社会可持续发展需要的状态。狭义的水资源安全为不超过水资源承载能力和水环境承载能力的情况下，水资源的供给能够在保证量和质的基础上满足人类生存、社会进步和经济发展，维系良好生态环境的需求。贾绍凤等（2002、2014）将水资源安全定义为水资源供给能否满足合理的水资源需求，又涉及社会安全、经济安全和生态系统等。水资源经济安全强调水资源能够支持经济的发展，一是可以提供水量和水质保障，二是供水价格能够负担。水资源生态系统指生态系统的最低需水应该得到保证。夏军等（2004）把生态用水作为水资源安全利用的前提，认为水资源安全是指在满足生态用水前提下，以可承受的价格为居民生活和工业、农业、服务业生产提供符合水质要求的供水。

在研究方法方面，国内学者关注区域水安全的评价方法。在对水安全的评价中，多采用综合评价法进行研究。综合评价法是指利用多属性体系结构描述对象系统做出全局性、整体性的评价。一般意义上，是用一定的指标体系进行表征，然后根据数据计算出一个能够反映区域水安全的数值。在国内学者所采用的方法中，以数理统计、数据包络分析、层次分析评价、模糊数学分析、集对分析评价、灰色系统理论、物元分析、系统动力学方法、Vague 集评价等方法为主。

（2）水资源国家安全的研究。在水（资源）安全的研究中，部分研究将水能够有效保障粮食生产、经济安全、生态系统和政治安全作为水安全的外延，但是这部分研究还停留在概念或是指标的阶段。在水安全范畴以外，多数研究对水国家安全及子安全进行了研究。

①能源产业发展方面。能源的开发与利用和水资源有着密不可分的关系，水资源是能源生产与消费的重要约束资源，水资源对国家能源产业发展有着不可替代的作用。国家能源局也将水资源纳入影响能源生产和消费过程中的重要因素。鲍淑君等（2015）针对水资源与能源产业发展的现状，提出重点关注能源基地的水资源优化配置、跨区域调水、水价、水权转换、非常规水源利用等，并充分考虑水量和水质的双重约束。

②粮食生产方面。康绍忠（2014）认为水安全对粮食生产是基础保障，实现农业水资源的高效利用是保障水安全和粮食生产的根本途径，并对作物理想耗水与多过程协同调控机制、强人类活动下灌区多尺度水循环与伴生过程、粮食生产—水资源—生态过程的互馈机制以及农业旱涝致灾机理与预警机制进行了研究。余潇枫和周章贵（2009）认为水资源特别是国际河流的开发利用以及与此相关的粮食生产问题，是中国边疆地区诸多非传统安全挑战中的重要问题，是保障边疆安全的重要一环，对此应通过灌溉节流等手段，结合当地自身经济建设，提高新疆国际河流地区粮食生产应对挑战的能力。

③其他安全方面。在生态系统方面，高季章和王浩（2002）对西北地区生态建设的水问题进行了研究，理顺了开发过程的资源链、生产过程的生态链、流通过程的市场链和发展过程的平衡链这四个基本环节，提出在生态型经济的发展过程中逐步实现生态的目标，并研究生态建设的水资源保障。在经济安全层面，吴伟和吴斌（2012）从水资源的经济安全入手，分析中国水资源经济安全的主要因素，并提出了利用财政金融政策、产权政策、价格政策等保障水资源经济安全的政策建议。

（3）涉水风险影响国家安全的研究。涉及水资源的风险问题影响到国家安全的研究是水资源国家安全研究的“一个硬币的两个方面”，只是在实际研究中的侧重点存在差别，本部分的研究将国家安全作为主体因素对水资源提出要求，而不是拘泥于水资源本身，因此，在政策建议上会有很大的差别。例如，刘沛林（2000）从1998年长江流域的水灾出发，分析水灾害影响国家安全的主要机制和原因，认为只有尽快建立国家生态系统体系，特别是生态系统网、生态战略点以及生态脆弱区的恢复与重建，才能从根本上减轻长江水灾害的危害。陆莹和刘昌明（2004）从大流域水资源存在问题的根本原因出发，提出了考虑社会—经济—环境复合生态系统，以生态和谐行为、协调发展、因地制宜、流域整体性调控体制和生态文化建设等维持大流域水资源可持续利用和保护的生态可持续性的保障措施。

三　现有研究的不足

从现有研究进展可以看出，目前国内外研究存在以下问题。首先，从国家安全视野出发的水资源管理制度体系的研究，在国外多集中于国际河流的制度安全中，在国内大多是在界定水（资源）安全内涵、外延、区域评价后，提出政策建议；没有从国家安全整体考虑水资源管理，缺乏在国家安全层面的整体考量。其次，在对水资源制度的研究中，忽略或者欠缺考虑水资源大系统的演变机制，即割裂了水资源系统及伴生系统的整体性使得制度缺乏有效评估难成体系，又忽略了水资源的“自然—社会”的双重属性，使得制度体系滞后于自然和社会的变化。再次，现有研究对国家的政治安全考量不充分，难以满足应对日益加剧的水资源利益各诉求方之间的社会矛盾不确定性、风险的实际需要。再次，在分析水资源风险对国家安全的影响中，过分注重水自身的风险和安全，与现有的非传统安全中应当注重“人”的安全不相适应，特别是不能解释水资源风险传导给国家安全中社会安全、政治安全等更高层次安全的机制。最后，现有研究考虑问题不够全面，一是割裂了水资源量、质、域、能等属性的统一；二是存在管理上的“盲区”；三是所研究的水资源管理制度难成体系；四是未能从国家安全的宏观需要出发去综合考量水资源管理制度，更多的是部门管理、行业管理的延续。无论是国家安全层面，还是水资源管理制度层面，考虑的不全面最终造成研究不成体系。

四　本书研究的方向

因此，本书针对现有研究的不足，在以下五个方面进行了努力。第一，在界定国家安全新形势下界定国家安全的哪些方面与水资源有密切关系。第二，研究水资源与国家安全的作用机制，一是研究水资源对国家安全各个方面的保障；二是研究水危机对国家安全各个方面的威胁；三是研究国家安全与水资源系统的双向作用机制。第三，在归纳水资源管理制度体系的基础上，分析国家安全视野下水资源管理制度安排的现状，一是研究水资源管理制度如何保障国家安全；二是研究应对水危机危害国家安全的水资源管理制度安排。第四，对水资源管理制度体系进行诊断，诊断为什么国家水利工程如此先进的情况下，水危机逐渐恶化？诊断背后的水资源管理制度的原因。第五，提出国家安全视野下的水资源管理制度体系的政策建议。

第三节　研究内容及技术路线

基于整体性和系统性考虑，本书分为上、下两篇。上篇为主报告，下篇为支撑报告。主报告对国家安全视野下水资源管理制度体系进行研究，组成完整体系。支撑报告是为了支撑相关章节，对微观水资源系统和国家安全系统的机制进行的研究，章节之间相互独立。

第一章为绪论。从研究的背景和意义、国内外研究现状和不足、本书研究的概念和研究范围的界定和解析以及本书研究主要内容和技术路线等方面开展。

第二章为国家安全视野下的水资源协同安全。一是介绍新形势下的国家安全系统，描述国家安全的新形势、新内容、新机制、新体系以及总体国家安全观的内容，其目的是界定本书研究应该拥有怎样的视野；二是研究水资源系统，目的是界定本书研究视野下的客体到底是什么样的；三是研究国家安全与水资源系统的关联，目的是界定本书研究应该怎么去看。

第三章是水资源系统与社会经济系统的作用机制。一是研究水资源国家安全的机制是什么；二是研究水危机危害国家安全的机制是什么；三是水资源系统与国家安全系统的双向作用机制。

第四章为协同安全视野下的水资源管理制度现状。一是梳理中国水资源管理制度体系总体现状；二是研究协同安全系统的水资源管理制度体系现状；三是研究应对水危机及传导的水资源管理制度体系现状。

第五章为协同安全视野下水问题的诊断。一是对水情和国家安全的基本问题进行基本判断；二是对协同安全视野下的水问题进行诊断，包括定性和定量两个方面；三是对协同安全视野下水资源管理制度的问题进行诊断。

第六章为水资源协同安全管理制度体系构建。根据诊断，对水资源管理制度体系从体系框架、管理体制、管理机制、具体制度体系、保障措施等方面进行总体设计。一是提出水资源管理制度体系的目标；二是水资源管理制度体系的方案。

第七章为国外水资源管理制度及借鉴意义。

第八章为气候变化情景下地下水资源和水环境风险研究。

第九章为基于水资源承载力的中国水资源管理效率研究。

主报告的研究路线如图1—1所示：

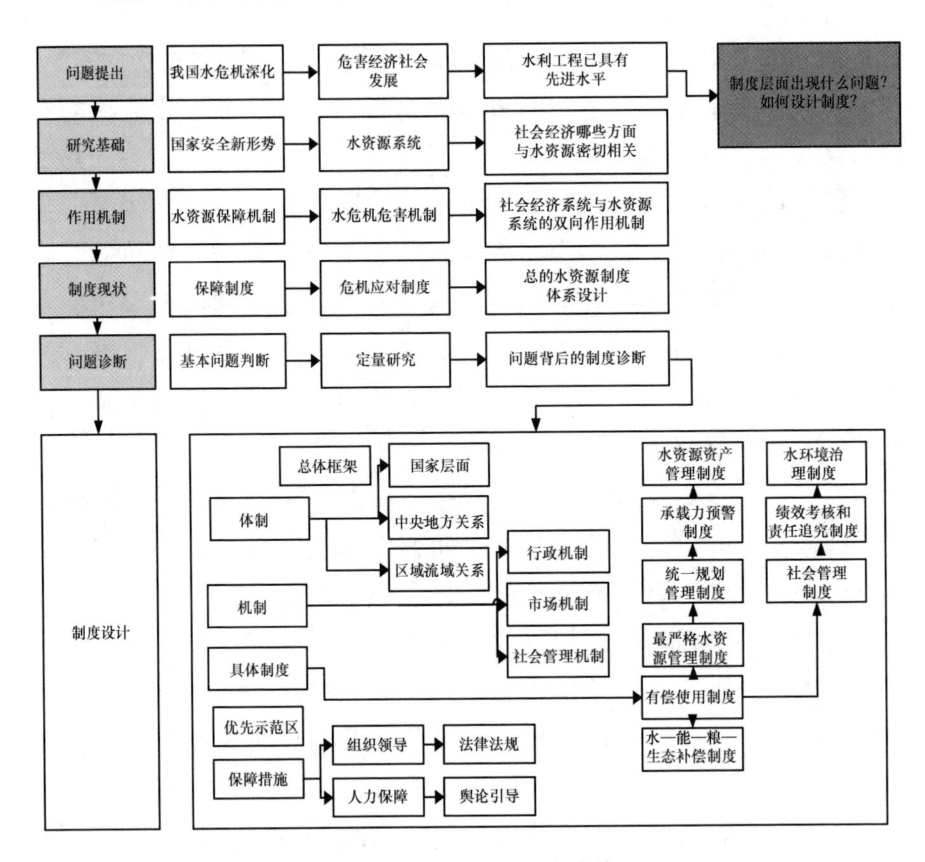

图 1—1　主报告的研究路线

第二章

国家安全视野下的水资源协同安全

第一节　总体国家安全观的指导地位

一　国家安全

“安全”的意义是“没有危险，不受威胁，不出事故”。英文中 security（安全）主要有两个层次：第一层次是指处于安全的状态；第二层次是指对安全的维护，即维持安全的能力。“安全”的基本含义是不受威胁和避免危险。在古代汉语中，“安”是“安全”的意思，与“危”是反义词，“危”是危险、风险的意思。这里强调“安”“危”的含义，主要是为了之后在研究涉及水资源的危险和风险中危害国家安全的机制以及需要设定怎样的水资源管理制度才能保障国家安全时，在这两个层面上研究水资源系统与国家安全的关系。

在第一次和第二次世界大战之前，对于“安全”概念的理解和界定没有比较系统的研究。两次世界大战之后，特别是在冷战时期，“安全”的问题成为各个国家的焦点，“安全”的概念在不同的学科和研究领域中被赋予各种不同的含义。就国家安全而言，“安全”的含义主要来自国际政治关系学中的安全（刘跃进，2000）。Arnold Wolfers 于 1962 年在《冲突与合作》中对安全的定义，客观上是所获得的价值不存在威胁，主观上是不存在受到攻击的恐惧。

对于安全的定义，不同的学者有不同的定义。可以肯定的是，安全对于不同的实体意味着不同的内容，国际关系领域的学者认为安全是减少威胁。安全是保护客体（值得保护的客体）免受到伤害，或者免受到伤害的威胁；伤害，在安全的含义上，大多与虐待、不利影响等有关。在定义上，安全是免受威胁并且是一个国家或者政权保持其独立性和功能完整性的能力。安全的底线是生存，但是安全也包括生存条件相关的所有因素。因此，安全就是没有危险的客观状态，其中既包括外在威胁的消解，也包括内在无序的消解。

因此，国家安全就是既包括一切不利于国家的外在因素的消解，又包括不利于国家的内在因素的消解。可以肯定的是，国家安全的含义比历史上任何时期都广泛，不利于国家的因素越来越广泛。

国家安全与国家利益紧密相连，维护国家安全就是维护国家利益，既包括核心利益，又包括核心利益之外足以影响国家安全的其他重大利益。《中华人民共和国国家安全法》中国家安全指的是“国家政权、主权、统一和领土完整、人民福祉、经济社会可持续发展和国家其他重大利益相对处于没有危险和不受内外威胁的状态，以及保障持续安全状态的能力”。

二　总体国家安全观

党的十八大以来，为适应中国国家安全面临的新形势、新任务，以习近平同志为核心的党中央提出总体国家安全观，强调全面维护各领域国家安全。当前，中国国家安全面临着对外维护国家主权、安全和发展利益，对内维护政治安全和社会稳定的双重压力，各种可以预见的和难以预见的风险因素明显增多。国家安全的内涵和外延比历史上任何时候都要丰富，时空领域比历史上任何时候都要宽广，内外因素比历史上任何时候都要复杂（习近平，2014）。

对此，中国国家安全方面立法迅速做出响应，修改了传统国家安全观下形成的1993年的《中华人民共和国国家安全法》，起草并施行了总体国家安全观下的新的《中华人民共和国国家安全法》。新的《中华人民共和国国家安全法》是一部立足全局、统领国家安全各领域立法工作的综合性法律，同时也为制定其他有关维护国家安全的法律提供基础支撑，有利于形成与维护与国家安全需要相适应，立足中国国情、体现时代特点，系统完备、科学规范、运行有效的中国特色国家安全法律制度体系。

根据新的《中华人民共和国国家安全法》，国家安全工作要坚持总体国家安全观，以人民安全为宗旨，以政治安全为根本，以经济安全为基础，以军事、文化、社会安全为保障，以促进国际安全为依托，维护各领域国家安全，构建国家安全体系，走中国特色国家安全道路。其基本任务是保卫人民民主专政的政权和中国特色社会主义制度，保护人民的根本利益，保障改革开放和社会主义现代化建设的顺利进行，实现中华民族的伟大复兴。此外规定了维护国家安全的根本任务以及维护政治安全、国土安全、军事安全、经济安全、文化安全、社会安全、科技安全、信息安全、生态安全、资源安全和核安全的具体任务。

国家安全涉及方方面面，保障国家安全是系统工程。总体国家安全观要求以人民安全为宗旨，以政治安全为根本，以经济安全为基础，以军事、文化、社会安全为保障，以促进国际安全为依托。总体国家安全观要求外部安全和内部安全彼此联系，国土安全和国民安全有机统一，传统安全和非传统安全相互影响，发展问题和安全问题为一体之两面，自身安全和共同安全密不可分。总体国家安全观要求建立集政治安全、国土安全、军事安全、文化安全、经济安全、生态安全、社会安全、科技安全、信息安全、资源安全、核安全于一体的国家安全体系。在这11个国家安全构成要素中，传统国家安全要素多于非传统国家安全要素。在非传统国家安全概念中，绕不过去“人的安全”这个中心环节（刘跃进，2014）。总体国家安全观提出了11个“安全”，实质上是12个“安全”，其中没有提出，但是贯穿始终的是“国民安全”。

三　国家安全的体系

国家安全是自成体系和系统的。总体国家安全观是对这种国家安全认识的体现，是对国家安全新形势的最新认识。这种系统性的新特点体现在以下三个方面，一是安全问题的联动性更加突出。安全问题同政治、经济等各个问题紧密相关，非传统安全威胁和传统安全威胁相互交织，单纯依靠一种手段无法从根本上解决问题。二是安全问题的跨国性更加突出。安全问题早已超越国界，任何一个国家的安全短板都会导致外部风险大量涌入，形成安全风险洼地；任何一个国家的安全问题积累到一定程度又会外溢成为区域性甚至全球性安全问题。三是安全问题的多样性更加突出。全球安全问题的内涵和外延正在不断拓展，借助互联网和新媒体等的新型犯罪大量滋生，各种安全问题相互交织、相互作用，解决起来难度更大。

当前中国国家安全内涵和外延比历史上任何时候都要丰富，时空领域比历史上任何时候都要宽广，内外因素比历史上任何时候都要复杂，必须坚持总体国家安全观，以人民安全为宗旨，以政治安全为根本，以经济安全为基础，以军事、文化、社会安全为保障，以促进国际安全为依托，走出一条中国特色国家安全道路。贯彻落实总体国家安全观，必须既重视外部安全，又重视内部安全，对内求发展、求变革、求稳定、建设平安中国，对外求和平、求合作、求共赢、建设和谐世界；既重视国土安全，又重视国民安全，坚持以民为本、以人为本，坚持国家安全一切为了人民、一切依靠人民，真正夯实国家安全的群众基础；既重视传统安全，又重视非传统安全，构建集政治安全、国土安全、军事安全、经济安全、文化安全、社会安全、科技安全、信息安全、生态安全、资源安全、核安全等于一体的国家安全体系；既重视发展问题，又重视安全问题，发展是安全的基础，安全是发展的条件，富国才能强兵，强兵才能卫国；既重视自身安全，又重视共同安全，打造命运共同体，推动各方朝着互利互惠、共同安全的目标相向而行（习近平，2014）。

在对国家安全体系的理解中，首先，要对“以人民安全为宗旨，以政治安全为根本”的表述进行理解。宗旨是什么意思？宗旨是意图或者主要思想。以人民安全为宗旨就是指保障国家安全的目的是保障人民安全，并且保障人民安全贯穿在国家安全体系整体、每个部分和每个环节。那么根本是什么意思？根本是事物的根源，最重要的部分。也就是说政治安全是国家安全的根源和最重要的部分，没有政治安全，国家安全就不存在。

其次，要对“以政治安全为根本，以经济安全为基础”的表述进行理解。这里面根本和基础是有区别的，根本已经表述过。那么基础是什么意思？基础原是建筑领域的名词，指建筑底部与地基接触的承重构件，基础不稳固可靠则建筑不稳固可靠，引申过来就是事物发展的起点。也就是说经济安全要稳定可靠，打好坚实基础，则国家安全才能坚实可靠。

再次，要对“以经济安全为基础，以军事、文化、社会安全为保障”进行理解。如果将国家安全看作一个建筑系统，那么经济安全就是地基，军事安全、文化安全、社会安全是建立在地基之上的支柱。富国才能强军、强军才能卫国。经济安全是国家发展的基础，是促进文化进步和社会稳定的基础，同时这些也正是国家安全的基础保障。

最后，要对“以促进国际安全为依托”进行理解。这里有两个层面的含义，一是国际安全为国家安全提供良好的环境。如果没有良好的国际安全外部环境，国家安全面临的威胁非常大，国家安全不持续和不稳固。二是国家内部安全要促进国际安全。由于安全形势的系统性，在维护国家内部安全的同时要统筹国际安全，形成良性互动。

根据以上分析，构建国家安全体系基本框架如图 2—1 所示。

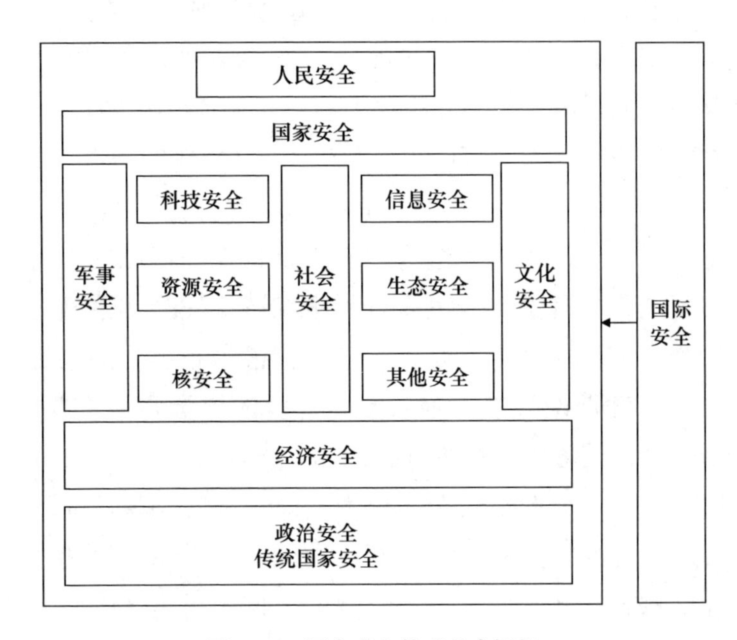

图 2—1　国家安全体系基本框架

资料来源：笔者自制。

国家安全体系的基本框架基本反映国家安全体系内各安全的地位及作用，并不能反映各安全之间的联动性、全球性和多样性的特征。例如，水资源安全的基本内涵是在资源安全的范畴之内，但是其作用力遍及生态安全、经济安全、社会安全、政治安全和人民安全等方面。此外，水资源安全的内涵呈现多样性的特征，不同内涵的水资源安全作用于国家安全的机制不同。另外，水资源安全的全球性也相对突出，特别是在全球气候变化、区域极端天气频发的背景下，水资源安全影响国家安全的广度和深度不断拓展。

在这个体系中，人民安全（国民安全[①]）是宗旨，是国家安全

① 总体国家安全观中是“人民安全”，相关研究中多用“国民安全”，这两个范围有一定差别，但本书考虑到研究重点，不再区分两者内涵的差异。

的最终目的，同时国民安全的精神也贯穿其他各子安全之中，贯穿在国家安全体系的各个环节之中。

政治安全是根本，只有政治安全，国家才不会被颠覆，国家安全才存在。只有政治安全，国家才能稳定，才能谈经济发展、社会发展、军事发展、文化发展，国民安全才能保障。经济安全是基础。只有经济安全，经济才能稳定和发展，经济的发展才能带动其他领域的发展和安全。

从以上分析可以看出，国家安全体系的内涵和外延、深度和广度发生根本变化的主要原因是，长期被传统国家安全掩盖的非传统国家安全因素“暴露”之后，维护国家安全不仅仅是维护“国家机器”自身的安全，而是包括国民安全、政治安全等在内的国家安全体系的整体安全，并且体系内相互关联、相互转化，任何一个小的危机在一定条件下都能对整体造成危害。

四　国家安全的内涵扩展

（一）在范围上的扩展

根据影响国家安全的危机的形成条件，国家安全系统可以分为国家安全主体、客体、安全行为、主观敌意、客观环境、风险因素等（见图2—2）。主体就是主权国家，主权国家需要保护自身的主权和领土完整不受侵犯、维护本国居民的生命与财产的安全、维护合法政府的存在及其统治的有效性。客体就是对主体造成威胁的另外主权国家或者主体自身（主体安全的自我消解）、组织、个人等。安全行为是主体为了维护自身安全所采用的行为。主观敌意是客体对主体主观上的敌意行为。客观环境是客体对主体威胁时所处的客观环境，包括国际环境和主体的国内环境等。风险因素，指客体对主体产生安全威胁时，能够被客体利用的因素，包括国际因素和主体国内因素。

从上述分析可以看出，国家安全系统受客观环境影响较大，在

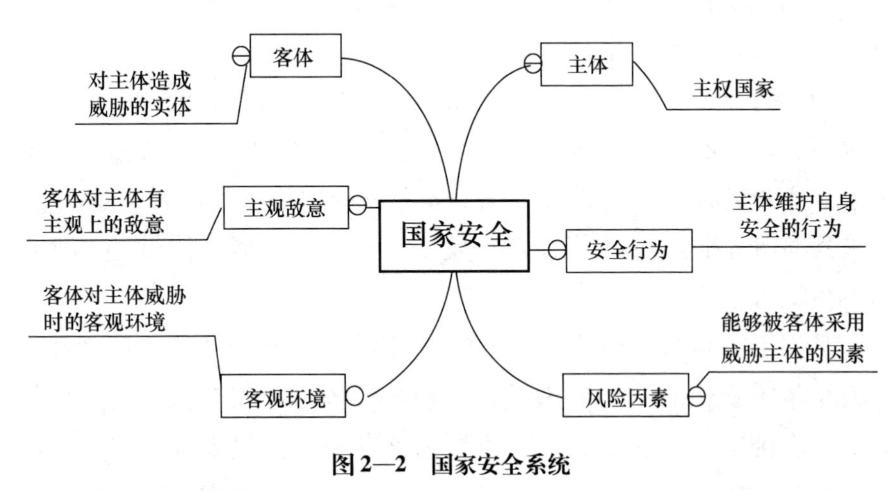

图 2—2　国家安全系统

资料来源：笔者自制。

新的形势下，一些非传统的影响国家安全的风险因素都可能酝酿、催化形成影响国家安全的危机。从国家安全系统的分解来看，即使本书从横向和纵向对国家安全的范围进行了界定，但也并不能将某个问题排除在影响国家安全的危机之外，有些危机在一定的客观环境和主观敌意等条件下，都有可能演变成影响国家安全的危机。例如，由于国际产业的转移，国家 A 产生一个环境问题 E（E 问题不足以对 A 国居民造成大面积的严重的生理和心理的伤害），在时间节点 T 之后，国家 B 利用在国家 A 设立的大使馆对国家 A 的环境问题进行测量、分析并利用新媒体公开发布，就该问题对 A 政府进行激烈批评，导致 A 政府公信力严重下降，形成社会问题；A 国家部分收入较高的居民开始着手移民到环境较好的国家，对 A 国的经济、人才、科技造成很大的影响。可以看出，在时间节点 T 之前，E 问题不足以纳入国家安全问题范畴，在时间节点 T 之后，E 问题需要纳入国家安全的范畴。

从这个例子可以看出，国家 A 所处的客观环境是国际产业的转移；主体是国家 A；客体是国家 B；风险因素是国家 A 内部的环境问题；主观敌意是国家 B 主动对国家 A 的环境问题公开发布，造成国家 A 的安全受损；安全行为是国家 A 可能采用的对环境问题治理的措施。

从国家安全的系统可以看出，国家安全的外延不需要清晰界定，不宜讨论某个问题是否属于国家安全范畴，只要该问题直接或者可经过演变间接威胁到国家的安全，就可将该问题纳入到国家安全的研究范围内。根据本书提出的国家安全体系，当客体为外部主权国家、组织或个人时，就是外部安全；当客体为主权国家自身时，就可以称之为内部国家安全。对于人的安全，也可以将其纳入到国家安全的体系中，从以上例子分析中可以看出，人的安全是一个诱因，是风险因素，在一定的客观环境下成为国家安全问题。

可见，新形势下国家安全的内涵非常广泛，但经过对国家安全的系统解构，在一定原则上，可以称之为国家安全的问题又不多，而这个原则恰好又需要对国家安全进行深度的研究。

（二）在深度上的扩展

根据上述研究可以看出，一般问题是否成为国家安全的内涵的界定需要一定的原则，这个原则就是是否经过一定的外部或者内部的环境，形成危害国家安全的突出问题。除此之外，保障国家安全自身也需要一定外部条件来维持和支撑，因此，就国家安全层次的内涵来说，可以分为两个方面，一是维持和支撑国家安全状态的保障深度，二是威胁国家安全的危机的传导深度。换而言之，一是保障国家安全的状态，二是国家安全不受威胁。

从保障深度来看，位于基础地位的是传统的国家安全，也就是政治安全、国土安全和军事安全，以及国民安全中的国民生存安全；中间层面的是国家和国民的发展安全；最高层面的是国民的其他安全。在保障的秩序上，首先保障基础地位的安全，其次是国家和国民的发展安全，最后是国民的其他安全。

从传导深度来看，国家安全的传导深度离不开国家安全定义中的另外一个层次，那就是威胁。在广度中已将哪些问题可称为国家安全问题做了原则评定，重要的原则就是危机能够向国家安全层面传导，那么在传导路径上遵循的是：个人安全问题—公共安全问题—社会安全问题—国家安全问题。

在传导路径上，资源、环境和生态等问题如何成为国家安全问题？需要在主体层面和客体层面之外，引入主体间性（Intersubjective）。主体间性在安全层面的解读是安全化。安全是超越一切政治规则和政治结构的一种途径，实际上就是一种所有政治之上的特殊政治，而安全化可以被视为一种更为激进的“政治化”。安全化概念的提出使人们对安全的认识增加了一个维度，即加入了“言语—行为”的社会认同要素，安全问题也就呈现为“安全性”“安全感”和“安全化”三者互动的新状态（如图2—3）。安全化是公共问题从非政治化到政治化，再从政治化到超政治化的过程（王江丽，2010）。

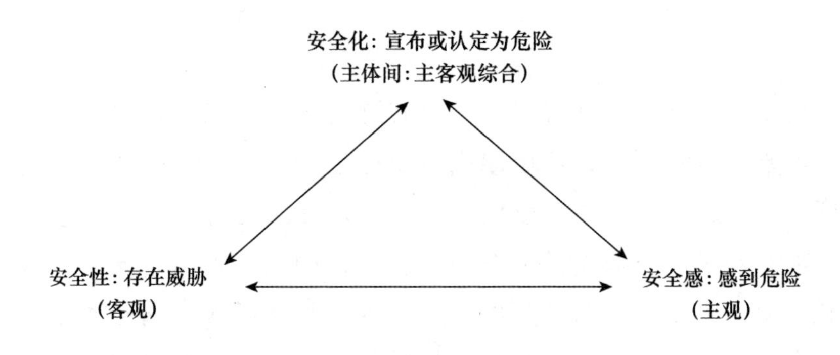

图2—3　安全的三个维度

资料来源：王江丽：《安全化：生态问题如何成为一个安全问题》，《浙江大学学报》（人文社会科学版）2010年第40卷第4期，第36—47页。

因此，从这个意义上说，随着安全主体层次的变化，问题在一定程度上成为危机，需要一个“安全化”的过程，这个过程需要在一定层次上被大部分认为或者宣布是危险的状态。也就是说，个人安全问题上升到公共安全问题过程中，需要群体“安全化”过程，即这部分人群的危险认同，这种不同层次的“安全化”过程就是国家安全的传导深度。随着新媒体的不断发展，这个过程比以往任何时期都更简单、更快捷，国家安全的传导比以往任何时期都更具有深度和复杂性。

五　传统国家安全与非传统国家安全

根据对国家安全的概念的解析，李瑛（1998）、汪育俊（2000）将“国家安全”定义为一种二元“状态”：从客观上看，国家不存在受现实的和潜在威胁的“现状”，从主观上看，国家不存在恐惧、担心的“心态”。在这个意义上，国家安全包括国家不存在威胁和国家安全已保障两个层次。

随着经济、社会、技术的发展，全球化、信息革命不断深入，全球相互依存的加深，“零和博弈”的可行性不大，国家之间实现双赢是国家间各种利益实现的最大动力。传统的国家间战争冲突因军事技术的发展而受到抑制，全球化背景下传统的国家间冲突正日益淡化。在新的形势下，非传统安全威胁逐渐上升，对传统国家安全观念和安全机制造成极大的考验。一个国家的安全观念和安全机制如果不能顺应形势，与时俱进，就会失去它应有的作用，给自己的国家安全带来极大隐患（韩玉贵，2004）。

突破了传统主权安全等限制的新的安全观诞生并迅速发展，人的安全和非传统国家安全的概念和研究逐步兴起。人的安全被认为是国际政治安全维度的人文转向，国家可能已变成维护安全的主要手段，而不再是维护安全的最终目的（封永平，2006）。“人的安全”还突破了以国家为唯一安全主体的传统安全观，搭起了人的安全与国家安全之间目的和手段的关系（柳建平，2005）。人的安全之所以提升到如今的地位，主要是因为随着“冷战”格局的瓦解，过去长期被东西方矛盾所掩盖或者由于两极格局形成的相对稳态，而得到有效控制的一些潜在的冲突、危害或威胁很快暴露出来。同时，随着全球化的深入发展和各类全球性问题或非传统安全问题的凸显，

“安全相互依赖”的现实日益明朗，传统的安全观念与安全战略受到冲击。人们发现，这些新的因素主要是对人类个体或某些群体而不是国家构成了直接威胁，国家似乎没有足够的能力或意愿去应对各类新的威胁和保护“人的安全”（石斌，2014）。

“人的安全”的理论与实践，有以下五个突出问题亟待解决。第一，人们对“人的安全”这个概念的理解不一致，大多数定义边界模糊、内容宽泛。第二，没有区分“人的安全”所涉及的众多要素的价值等级和优先次序，不切实际地期望一揽子解决。第三，需厘清“人的安全”与国家安全、国际安全等其他安全价值之间的关系，其倡导者往往片面、孤立地强调“人的安全”，忽视了其他安全价值以及各类价值之间的潜在冲突。第四，“人的安全”话语本身具有鲜明的西方价值取向和自由主义色彩，在实践中有凌驾于主权国家安全利益之上的倾向。第五，所谓安全关切的主体从国家到个人的“范式转换”，过度贬低了主权国家在应对各类安全挑战中的积极作用（石斌，2014）。

此外，一个国家的安全战略，主要依据该国所处的发展阶段和面临的核心任务来界定。发达国家通过主导国际体系而创造一个较为稳定的社会经济秩序，倾向于以外部威胁界定安全。而发展中国家的主要任务仍然是发展，其国内社会经济面临着巨大的挑战，因此以发展界定安全。以发展界定国家安全战略的被称为国家发展安全观（钟飞腾，2013）。对于国家发展来说，资源是非常重要的基础性要素，资源安全是一个国家或地区可以持续、稳定、及时、足量和经济地获取所需自然资源的状态或能力。影响资源安全的因素主要包括结构、质量、数量、空间、价格、技术和制度等（谷树忠，2006）。

国家安全的概念演进，体现了在新的历史时期，国家安全的深度和广度不断拓展。同时，也造成“国家安全”概念无限扩张，成为无处不在、无所不包的超级大问题的危险。对此，应该从国家安全最基本的概念出发，探讨国家安全的构成要件，以便使用标准界定国家安全的拓展外延，避免无限拓展。有研究对拓展的国家安全问题，特别是纵向拓展为个人层面和国际层面的安全问题，以及横向层面上拓展为政治、经济、社会、信息、环境及人类等方面的安全问题，提出了质疑，并给出国家安全的基本概念：所谓国家安全是由客观存在的生存状态和利益关系与反映这种客观存在的主观感受的有机统一体所形成的结构，是国家间、国家与国际社会为谋求自身生存、免受威胁而形成的互动关系，其本质是国家生存利益的调适，是一个特定国际政治范畴（何贻纶，2004）。

六　风险和危机的传导机制

与国家安全对应的是国家风险、国家危机。风险是具有发生危机的可能性，是不安全的一种状态。危机是一系列瓦解社会正常秩序和正常关系的事件迅速展开，并不断提高危险程度，迫使相关的系统在有限的时间内做出反应，采取必要的调解行动或控制措施，以维持社会系统生存的紧迫时刻（菲克，1987）。确切地说，危机就是导致社会偏离正常轨道的危急的非均衡状态。危机可能在全球范围内发生并造成一定影响，也可能在一个地域发生并在一个区域内造成影响。

危机主要有以下三种，一是自然危机，二是人为危机，三是人为导致的自然危机。自然危机一般具有不可抗力，对自然危机的认识、研究相对深入，管理机制也相对成熟，根据可靠的技术，基本上可以预测自然危机，并提前采取措施。例如，中国水利部在2015年年末预测，由于厄尔尼诺现象的影响，2016年发生大洪水的可能性非常大，并采取相应措施。而人为危机的发生机理与自然危机不同，人为危机具有更强的偶然性，其危害可能更大。目前，人为的自然危机具有高发的态势。例如，水污染导致的生态灾难等。

公共危机是来自人类社会运行过程中的不确定性以及由此导致的各种危机。按照危机的具体性质划分，可以分为经济危机、社会危机和政治危机。在现代社会，各种公共危机互为因果、相互叠加、污染和扩展，单一性的危机通常演变为复合性的危机。公共危机通常具有以下七个特点：一是普遍存在性，公共危机普遍存在，安全是相对的，风险和危机是绝对的；二是突发性，危机难以预测，是不确定的和隐蔽的，惯常突然爆发；三是高频发性，由于社会关系复杂，矛盾重重，风险具有高频发性；四是较强的扩散性，在全球化的趋势下，信息的扩散比之前任何时候都容易，特别是危机的扩散更加快捷；五是涉及面广，社会系统的精密化程度加大，利益主体多样，风险和危机涉及面非常广；六是影响力大，利益主体之间相互交织，交往和冲突增加，影响力呈复合叠加态势；七是决策非程序化，危机发生时，相应决策时间要求短暂，难以按照程序化步骤。

人类社会是危机发生的主体。自然危机和人为危机发生之后，会在人类社会系统内部进行传导，"蔓延"或者"升级"形成一系列其他危机，从各个机制上危害国家安全的子系统。在人类社会系统内部传导时，一个关键的因素是"人"的本体，当自然危机或者人为危机直接或者间接危害到人类自身的生命和财产安全，或者与价值和规范相违背时，一系列社会危机和政治危机将会成为强烈的后续反映。

人为危机在不同的历史时期，其引发的因素和发生机制有很大的不同。在影响国家安全方面，个人的价值取向（Values and Norms）是决定哪些问题能够形成危机的关键所在。例如，在某个发展阶段，经济发展是矛盾的关键所在，程度 A 的生态环境问题不能够形成危机，但是对国民安全存在一定的危害，只是这种危害没有形成危机，没有"蔓延"到或者"上升"为社会危机和政治危机。在高一级的发展阶段，由于区域内个人的价值取向发生变化，人们对环境和生态的诉求增多，在程度 A 的生态环境问题对国民安全造成危害的基础上，就会形成社会危机，并危害社会安全和政治安全。那么，可能在未来一个更高的发展阶段，相对于程度 A 更低的生态环境问题，危害国民安全的程度更低，但是对社会安全和政治安全造成的危害更大，因此对国家安全的危害更大。

根据图 2—1，部分问题在合适的客观环境和风险下有可能成为国家安全问题，威胁国家安全。基于这种共识，国家安全认知研究从“传统的有限层面”向“非传统的无穷层面”转变；国家安全理论范式研究从马克思主义“一元主导”向“多元主义”探讨转变；国家安全挑战研究从“意识形态冲突”转变为“内外多重动因”研究；国家安全战略研究从“扁平化”向“立体化”转变（胡洪彬，2014）。无论研究怎么转变，国家安全的基本内涵——维护主权独立、领土完整、国民生命与财产安全、合法政府的存在和正常运转没有变。外部环境的变化使非传统因素成为威胁国家安全的主要因素，成为“非传统安全”“人的安全”“发展型国家安全”等概念提出的直接原因。

公共问题有可能成为威胁国家安全的内因，在一定程度上是由于“外患”的“内忧”。公共问题能够“跃升”成为国家安全问题的一个跳跃点是，公共问题与全部（部分）民众认知和价值相悖，威胁民众的生命和财产安全；民众的认知和价值可来源于经济社会发展，也可来自外部国家和组织的影响，亦可来源于共同作用。公共问题能够成为威胁国家安全问题的另一个跳跃点是政府对于公共问题主观上或者客观上的无力解决，直接降低政府的公信力和执政的合法性。还有一个跳跃点是在第二个跳跃点之后公共问题的积累，在某种外因和内因的影响下，成为阻碍合法政府存在和正常运转的事件。

第二节　国家安全视野下的水资源系统

一　水资源相关概念界定

（一）水资源的概念范围界定

就定义而言，不同的研究机构或者个人给出不同的定义和范畴。“整个自然界所有形态的水”（如《英国大百科全书》《中国水利百科全书》的定义）、“每年可更新的水量资源”（《中国大百科全书》的定义）、“可利用或可能被利用的水源，且满足应有的数量和质量”（联合国教科文组织和世界卫生组织的定义）、“某一区域地表和地下淡水储量”（斯宾格列尔的定义）。王浩等（2006）根据水资源能被人类利用的特点将水资源分为狭义水资源和广义水资源，狭义水资源指被人类直接利用的水资源；广义水资源包括被人类直接利用的水资源与被生态、环境、农业蒸散发等利用的水资源的总和。特别地，中国《水法》明确规定“本法所称水资源，包括地表水和地下水”。由于在中国水法制定时，地表水和地下水是水资源的一般形式，这样规定毫无争议，但是随着水文和水资源科学和技术的发展，不排除大气水、土壤水、生物水等非常规水资源形式的出现，因此，本书研究的水资源包括一切可以被人类利用的水资源，其用途包括但不限定为以下方面：生存、生活、生产、生态、环境等。

在水文学及水资源学领域，一般认为，水与水资源的概念有一定的差别，这种差别主要体现在水资源具有经济、社会属性，本质上是水资源能够被人类利用。随着人类的发展，水和水资源在范畴上基本没有差别，几乎所有的水都能够被人类所利用。水与水资源概念上的差别更多体现在水文学与水资源学科的具体差异上。一般认为，水文学关注于研究水的自然规律方面，而水资源学更关注于水与人类的关系规律方面。然而，随着学科的发展与融合以及人类活动对水循环规律越来越显著的影响，“社会水文学”（Socio-hydrology）等作为水文学的新兴分支学科正逐步兴起。而这种融合的水文学更注重“科学性”“系统性”，为水资源学科的发展提供了更为坚实的科学基础。同时，随着人类认识的不断深入，之前水资源学科较为忽略的、看似水的自然属性的水跟生态相互作用的系统，也被认为对人类经济社会具有更大的作用。在本书研究中，也不再拘泥水的资源属性，将水的环境和生态属性也作为水的基本属性。

（二）水资源管理概念范围界定

水资源管理顾名思义就是对水资源进行管理。然而，学者们对水资源管理的内涵和外延还存在一定的争议。目前，对水资源管理的范畴，有以下四种观点。第一，涵盖所有涉水行为的管理。这类比较有代表性的是林洪孝（2012）的研究，其定义为：依据水资源环境承载能力，遵循水资源系统自然循环功能，按照经济社会规律和生态环境规律，运用法规、行政、经济、技术、教育等手段，通过全面系统地规划，优化配置水资源，对人们涉水行为进行调整与控制，保障水资源开发利用与经济社会和谐持续发展。第二，涵盖水的资源特性、环境特性和提供服务特性的内容。这类具有代表性的是沈大军（2005）的相关研究，即水的资源管理、服务管制和环境管理。第三，涵盖相关法律规定的内容。这类有代表性的是赵宝璋（1993）的研究。该研究没有给出水资源管理的定义，但认为水资源应该体现在以下四个方面：规划管理、开发管理、用水管理和水环境管理。前三个方面是《水法》规定的内容，水环境管理是《水污染防治法》的内容。第四，只包括水资源利用方面。这类有代表的如宋蕾（2015）的研究，在对“水资源”和“管理”的概念进行深入分析的基础上，提出“水资源管理就是通过计划、组织、指挥、协调和控制水资源利用的行为”，其认为水资源管理是对水资源利用行为的管理，而对水资源的保护等其他行为的管理没有纳入在内。

以上四种定义范畴，第一种主要考虑的是水行政主管部门的职责和职能，并结合其他行政主管部门涉水管理的职责和职能。第二种主要关注人与水的行为（取水：资源管理；排水：环境管理）以及水导致的人与人之间的关系（水服务管制）。第三种与第二种的差别主要体现在水服务管制上，第三种还停留在部门管理的思路上，缺乏微观的有水管理和治理行为。第四种就是资源管理。

本书研究考虑的所有涉水行为中还包括水利工程的建设与管理，水工程的建设项目审批等管理内容，因此不采用第一种定义；又考虑第四种定义隔断了水资源的量、质的管理，因此，在第二种定义的基础上，对水资源的量、质、能、域进行综合考量，这也是本书研究水资源管理的范畴。本书研究如无特殊说明，广义的水资源管理包括水的资源管理、水的环境管理和水服务的管理（在下文中称之为水的系统内管理），将狭义的水资源管理称之为水的资源管理。

二　水资源系统的组成

水资源系统是在一定区域内由用水的主体行为，支撑水的更新、循环的机制以及承载开发利用的环境和生态等共同构成的统一体。其内部的各类水相互联系并按照一定规律相互转化，具有整体性、层次性和特定行为。水资源系统内部协同而有序，与外部环境进行物质和能量交换。水资源系统是一个空间系统过程，水资源系统可以由一个或者多个流域、水系、河流、用水户等组成，系统内部可以分为更为细致的子系统。

水资源系统包括三个方面，一是水在重力作用和太阳能以及其他各种势能的作用下，循环往复，形成的水循环系统；二是开发、利用、节约、保护水资源的主体系统；三是与承载水的相关介质和工程共同构建的承载系统。

在水资源系统中，水循环系统是水资源的动力条件，是水资源得以循环更新的动力机制，是加水的“瓢”和舀水的“勺”，使得水资源形成流量。水资源承载系统是承载水资源的“碗”，使得水资源得以形成存量并加以利用，承载系统包括地表、地下、水利工程、生态环境的各种介质等。水资源主体系统是水资源开发、利用、节约、保护的主体对象，由各用水户构成。在水资源系统中，水循环携带、溶解物质、泥沙和能量等循环往复，是物质循环组成部分，与水循环有关的物质和能量循环可称为“水循环的伴生过程循环”。图 2—4 将在流域层面上的水资源系统进行概化。除了流域层面上之外，还有全球层面、区域层面等。

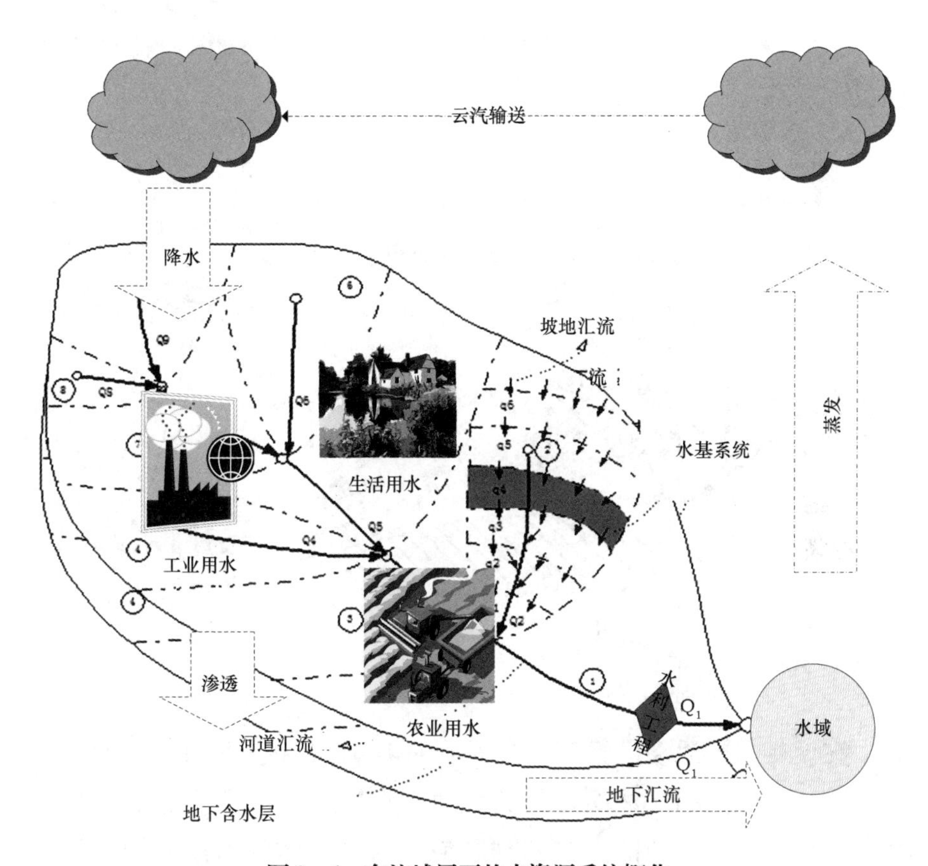

图 2—4　在流域层面的水资源系统概化

资料来源：笔者绘制。

（一）水循环系统

地球上大量的水形成水圈，与大气圈、岩石圈和生物圈一起相互影响、相互作用，形成了影响人类活动、生物、生态的地球表层系统。水在太阳辐射和地球重力的作用下，不停歇地通过蒸发、凝结、降水、径流等循环路径运动和变化，形成自然水循环过程。大气降水、地表水、地下水、土壤水、生物水相互转化，形成不断更新的、统一的水循环系统。水圈形成的同时，大气圈、水圈、岩石圈、生物圈相互联系，相互作用，进行能量和物质的交换。水循环调节海陆之间、地区之间的物质循环、水分循环和能量循环等，实现全球水量和能量的相对平衡，使得地球更加适合生存（见图 2—5）。

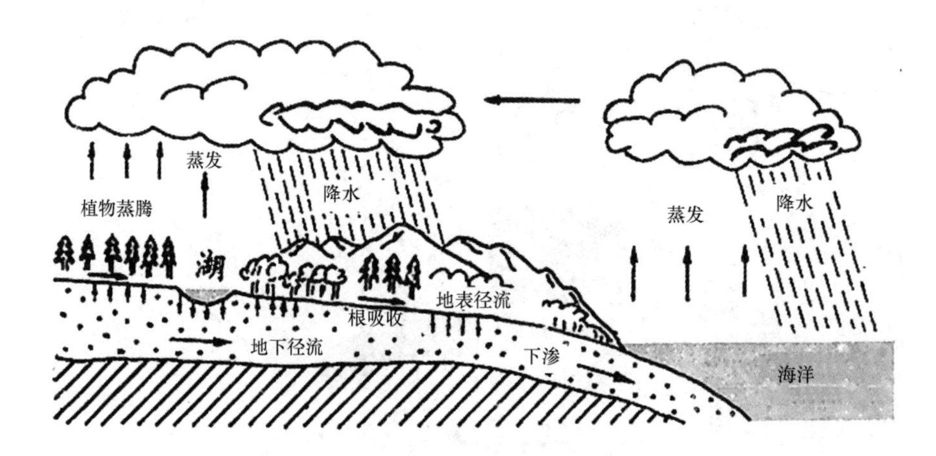

图 2—5　自然水循环示意

资料来源：笔者绘制。

在没有人类活动的情况下，水循环在自然状态下周而复始，永不停歇，不受扰动。然而，人类活动正在影响和改变天然的水循环系统。特别是在强烈的人类活动区域，水循环体现了极强的人类活动影响的特征。在水循环路径上，自然水循环（表现为：降水→蒸发→产流→汇流→入渗→排泄）（见图 2—5）和社会水循环（表现为：取水→输水→用水→排水→回归）并存（见图 2—6），取代原有的、单一的自然水循环模式。

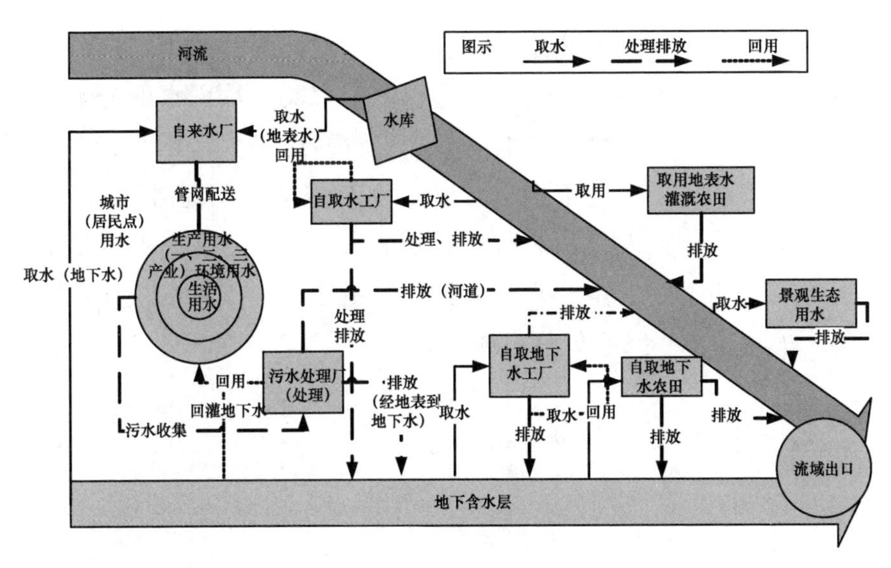

图2—6　社会水循环系统

资料来源：笔者绘制。

（二）水资源承载系统

承载系统是由承载水资源的系统构成，具有一定的时空尺度性。承载系统是由相互关联、相互制约、相互作用的若干因素组成的有机统一系统。其定义是指由涉水工程和涉水介质组成的硬件系统，这一系统对流域而言，是指承载流域内的河流、湖泊、水域等水体的以及与其相关的蓄水层、河床、湖盆等水的自然载体，也包括在流域范围内修建的堤防、水坝、水闸、蓄滞洪工程、调水输水工程等组成的工程体系，还包括泥沙、污染物等涉水介质。随着水文尺度和研究地域范围不同，承载系统所包含的内容也有所变化。

（三）水资源主体系统

支撑人类经济、社会、生态、环境发展的各种涉水活动是水资源系统的主体系统；规范人类涉水活动的是水资源管理制度体系；驱动人类水资源需求的是生活、生产等实际需要；影响人类涉水行为的经济因素包括其他技术进步、水资源利用技术进步、中间投入的技术进步、最终需求增加、需求结构变化等（李玮等，2016）。

水资源主体系统通过各种用水户来体现，现有的用水户分类及结构组成可以分为生活、生产和生态三个大类。从用水的分类上来看，基本可以分为城镇居民生活用水、农村居民生活用水、农业用水、工业用水、服务业用水、河道内生态用水和河道外生态用水。从用水主体的分类来看，基本可以分为农业生产主体、农村生活主体、第二产业企业主体、第三产业企业主体、城市生活主体、生态主体、能源主体、污水处理主体等。

三　水资源系统内作用机制

（一）水资源动力系统的二元化

从以上分析可以看出，人类活动已成为水资源系统中重要的影响因素。这是人类—社会“二元”动力系统理论形成的基础。“二元”水循环理论在中国广为应用并指导解决实际问题。该理论认为自人类社会开始开发利用水资源，单一的自然水循环结构就变为“自然—社会”二元的水循环结构，即陆地水循环系统是由“降水—坡面—河道—地下”的自然水循环系统与“取水—供水—用水—排水”的社会水循环耦合组成，两者相互作用、相互影响（秦大庸等，2014）。

人类活动极大影响了水文水循环过程。农业是世界上最大的取用和消耗水资源的部门。人类由于生活和工业生产的需要，也取用和消耗了大量的水资源。取用之后，水资源参与生产、生活以及人工生态用水的全过程，废水经过或者未经过处理排放回到自然界。这种可以概化“取水—用水—排水”的、由人类活动引起的水循环过程是“社会水循环过程”。随着人口的增长、社会的不断发展，人类活动对水循环系统的影响不断增强。土地利用的变化、工业和城镇的发展、大规模水利工程的建设等，水循环逐渐转变为“自然—社会”二元耦合的模式。

对于自然水循环，其驱动力是太阳辐射和地球引力，其完整的路径为“降水—产流—蒸发—排泄”。随着经济社会的不断发展，人类活动逐渐成为驱动水循环的另一大因素，有学者将这种驱动社会水循环的因素合称为“社会势”（王建华等，2014）。社会水循环的原动力是人类社会主体行为的用水需求，只有用水需求才能构成循环路径。不同类型的用水需求有着不同的优先级，饮水需求最高，其次是关系到粮食生产的农业生产用水，再次是工业和人工生态用水。人类经济社会发展的实际需要，利用设施从自然水体或者直接从雨水进行取水活动，将这部分水资源供给经济社会生态环境等实际的用水部门，在生产生活等实际活动中，水资源以成为产品一部分等方式被实际消耗，其他水资源则由渗入和排放回归到自然水体中。在配给机制上，由于经济社会用水需求的驱动，水通量从社会势高的地方向低的地方移动，社会势包括政治势、经济势、政策势等。

现有的基于水资源的调控管理措施也将目光投向了基于社会水循环通量的调控管理，例如基于 ET 的调控措施等（桑学峰等，2009）。社会水循环调控的目的是保障用水安全、合理分配水资源、提高用水效率和效益等，同时也保证环境用水与经济社会用水的平衡、排污量的平衡以及经济社会取水量和水资源可供给量的平衡。社会水循环的调控环节包括，取水调控、用水调控、排水调控。以上调控环节是基于社会水循环的循环路径，且分别对应着最严格水资源管理制度的“三条红线”，即取水红线、用水效率红线和入河排污红线。在自然—社会多个层面上，水资源都与人类密切相关。水资源关系到国土形成和维持、生物资源多样性和生态系统的存在和稳定。水资源是人类社会必不可少的资源，也是维持人类生存、人类生活、人类生产、生态景观的必要条件。

（二）水资源系统演变

由于自然环境改变和人类活动的影响，水资源发生着复杂的演变。对水资源演变的研究旨在把握变化环境下的水资源状况，评估水资源和水循环对变化环境以及变化环境下各驱动要素的响应。驱动水资源演变的因子可以分为自然环境影响和人类活动两大类。自然环境影响因子主要包括：气候变化，太阳黑子活动，自然变化等；人类活动包括农业活动、工业化和城市化等导致的下垫面变化和覆被变化以及水利工程和取用水等导致的水循环变化。水资源复杂的演变过程是各驱动因子共同相互作用的结果；并且水资源演变也对驱动因子有反馈作用从而再作用于水资源演变。在这个综合影响下的复杂过程中要准确可信地分析出每个驱动因子对水资源演变的影响，要有基于良好的影响机理的分析基础才能实现。

水循环系统为驱动水资源系统演变的动力系统，是水资源不断更新的关键所在，各个尺度的水循环系统影响水资源的量、质、能、域以及能量、物质的时空分布。水基系统是水资源系统的硬件，是承载水资源的物理因素，是水资源形成、水资源利用的关键物质因素。主体系统是水资源系统的软件，是水资源实现其价值的关键。这三个系统相互作用、相互影响，共同推动水资源系统的演变（见图2—7）。

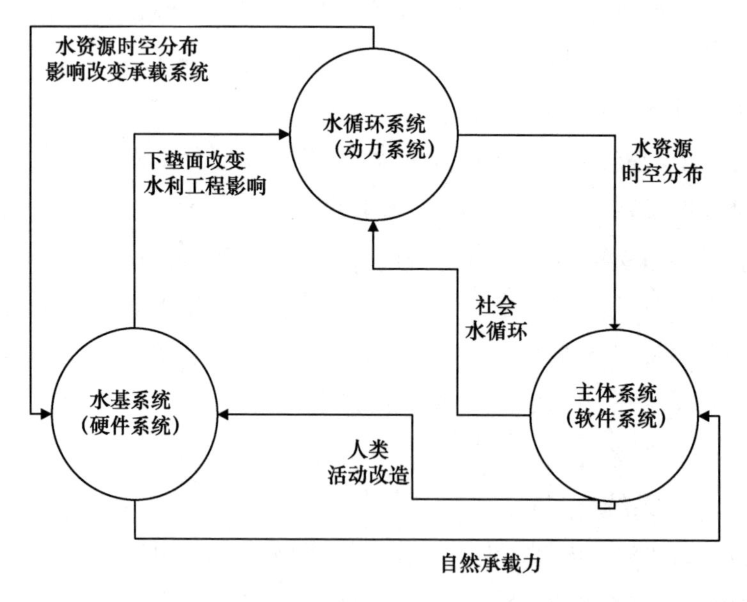

图2—7　水资源系统内子系统相互作用机制

资料来源：笔者绘制。

水循环系统对主体系统的影响主要通过影响水资源时空分布来实现。自然水循环通过对于水资源的时空分布来影响主体系统行为，从中国实际情况来看，陆地和海洋的大循环决定了中国东南向西北降雨量逐步减少，水资源空间分布也基本与降雨量的空间分布相似。在时间上，中国大部分降雨集中在夏秋季，冬春季相对较少。

主体系统影响水循环系统的机制来自于主体行为控制的社会水循环，人类活动通过取用水资源、消耗水资源、排放废水对水循环造成影响。从中国的实际情况来看，黄河、淮河、海河、辽河以及西北诸河等流域，人类活动对水循环的影响已非常强烈。根据丁相毅（2010）的研究，人类活动对海河流域水资源演变的影响在60%左右，远高于气候变化和下垫面变化等造成的影响。

水循环系统对水资源承载系统的影响也是通过水资源的时空分布，在承载系统承载水资源的同时，水资源也对承载系统造成影响，例如，决定着承载系统的基本类型，与地表系统作用形成土壤，侵蚀地表形成不同形态的地质地貌等。水资源承载系统也决定着水循环情况，下垫面和土地利用的改变改变了水循环系统各要素的形态和通量等。

水资源主体系统对水资源承载系统的影响来自于人类活动对客观环境的改造，通过修建水利工程、填湖造田等。承载系统影响主体系统的机制来自于自然承载能力对人类社会影响，土地资源分布很大程度上决定了人口的分布等。

四　水资源系统稳定的内涵

将水资源系统作为三个子系统相互作用之后，水安全就可以解释成三个子系统和整个系统的安全，即有利的水循环系统使得水资源的时空分布合理以及可持续，保障承载系统和主体系统的安全；合理的水资源主体系统的各种需求和活动，不会对水循环系统和承载系统的健康维持产生显著的负面影响、破坏水循环系统和承载系统的安全和可持续性。水循环系统和承载系统的健康维持，不但是水资源可持续利用的前提，而且是水的环境与生态服务功能发挥的基础。

水循环系统的演变产生了明显的资源、环境和生态效应。地表径流、地下径流等自然水循环通量不断减少，而供、用、耗、排等社会水循环通量不断增大，严重影响了水循环系统原有的功能，引发了一系列资源、环境和生态问题，更造成影响经济、社会、协同安全等的一连串问题。同时，资源、环境与生态效应又反过来制约人类活动，对水循环过程形成反馈。因此，水循环系统和承载系统除了与水生态、水化学过程存在相互作用关系之外，更重要的是，水循环系统和承载系统与人类社会等主体系统的多个过程存在相互作用机制，该机制既是水资源系统安全的理论基础，也是水资源系统与协同安全系统相互作用的理论基础。

第三节　水资源协同安全

一　水资源在国家安全体系之内

水资源直接关系经济发展、资源安全、能源产业发展、粮食生产、生态系统、社会稳定、政治和文化稳定。当承载系统或水循环系统出现危机，对主体系统造成不良影响时，主体系统会多方面、多层次地受到影响，其中能够危害到国家安全的方面就是水系统的危机对国家安全的危害。水资源系统的危机一般来自两个层面，一是自然层面，二是社会层面，这两个层面对应着水循环系统和承载系统的两个方面。

二　国家安全是水资源主体系统的特殊要求

主体系统在水资源系统中具有重要作用。水资源系统中的主体系统恰好就是人类系统，而国家安全就是人类系统中的一个方面，因此将水资源系统与协同安全耦合时可以遵循以下思路。

首先，将国家安全作为水资源主体系统需求的一部分。在主体系统为了达到国家安全的情况下，需要开发、利用、节约和保护水资源，对水环境和水生态有相应的需求。由于主体系统的作用，水循环系统和承载系统势必受到影响，水资源系统总体受到驱动因子的影响发生变化。这种水资源系统总体的变化势必反馈和作用于主体系统，对人类社会造成影响，一定程度上又作用于国家安全。这种水资源系统与国家安全的不断作用与反馈形成了国家安全与水资源系统的作用机制。

其次，既然水资源系统与人类系统有千丝万缕的联系，相互影响、相互作用，那么水资源系统与协同安全也存在着一定的、特殊的关系和联系。协同安全的子系统是影响协同安全的各种因素内在形成的系统，这些系统有机地相互作用、相互影响并形成国家安全系统。协同安全涉及人类社会的方方面面，各个子系统都有可能对协同安全造成一定的影响。

从系统分析可以看出，水资源与国家安全的作用可以分为保障安全机制和危机传导机制。这两个机制是密切联系的，当对一种或者几种安全有效保障时，可能威胁到其他方面的安全，形成危机的传导，进而威胁国家安全。

三　水资源协同安全定义

水资源系统与国家安全体系的关联的梳理，可以从保障机制和威胁机制两个方面进行。对于保障机制来说，是分别分析每个国家安全体系内是否需要直接或者间接水资源的保障；对于威胁机制来说，是分析水危机是否直接或者间接对各个子安全威胁。直接保障、直接威胁、间接关联都以是或者否来回答。发生频率以高中低来回答。关联程度以上述四项的分析进行综合评价。

关于是否直接保障的问题，本书的主要依据是中国涉及水资源管理的法律、法规、规章以及由国家发布的相关规划、纲要等中直接表述为保障某部分国家安全制定本法（办法、意见、规定、规划、纲要等）的。其中，涉及水资源管理的法律为《水法》《水污染防治法》《水土保持法》《防洪法》等，相关的法规和规范性文件有22例，相关的部门规章有25例，以及相关的规划和纲要等。这些文件中多有阐述制定的目标。有直接阐述的，都在表2—1直接保障列中填“是”。

关于是否直接威胁的问题，本书的主要依据是Pacific Institute统计的世界上发生的水危机和水冲突的551个历史记载[①]以及Peter Gleick编著的*The World's Water*：*The Biennial Report on Freshwater Resources*系列书籍，其中若其他类型危机记录是由水危机直接造成的，那么该类型的国家安全就认为是受到直接威胁。

关于发生频率，主要是依据国内媒体的报道和Pacific Institute统计的世界上发生的水危机和水冲突的551个历史记载。媒体报道中常见的问题如城镇供水问题、农村饮水安全、工程施工造成的水源地变化、水土流失问题、湿地破坏问题、区域发展中的缺水问题、水污染问题、黑臭水体问题，等等。水冲突的数据库中，将记录分为了三类：Trigger、Weapon和Casualty，意思是水引起的冲突、用水作为武器的冲突和水体受到破坏的冲突。将各记录涉及的危机频率作为判断发生频率的依据。具体得出的结果见表2—1。

表2—1　　国家安全与水资源系统关联程度分析

协同安全体系	直接保障	直接威胁	间接关联	发生频率	关联程度
国民安全	是	是	是	高	高
政治安全	是	是	是	低	中
国土安全	是	是	是	低	中
经济安全	是	是	是	高	高
军事安全	是	是	是	低	中

① http：//www. worldwater. org/conflict/list/.

续表

协同安全体系	直接保障	直接威胁	间接关联	发生频率	关联程度
文化安全	否	否	是	低	低
社会安全	是	是	是	中	高
生态安全	是	是	是	高	高
科技安全	否	是	是	低	中
信息安全	否	否	是	低	低
资源安全	是	是	是	高	高
核安全	否	否	是	低	低
粮食安全	是	是	是	高	高
能源安全	是	是	是	高	高

资料来源：笔者绘制。

需要说明的是，在表2—1中涉及的国家安全是总体国家安全观提出的13个安全加上粮食生产和能源产业发展，这是因为粮食生产和能源产业发展在水安全的研究中提到得非常多，相关的研究也非常具体。此外，关于军事，Pacific Institute水冲突数据库中对用水资源作为武器有多处记录，中国也有水资源相关法规附则将与军事和部队相关的事宜排除在外。考虑到军事安全的内部系统性，后面不再研究水资源与军事安全的关系，即使其具有一定的关联程度。

根据表2—1，与水资源系统有较为深刻关联的是国民安全、经济安全、社会安全、生态安全、资源安全、粮食安全、能源安全。本书将水资源综合协同保障以上领域的国家安全，以及化解水系统危机危害以上领域国家安全的风险的现象称为水资源协同安全。围绕水资源协同安全的制度设计称为水资源协同安全制度体系。

第三章

水资源系统与社会经济系统的作用机制

第一节 水资源系统的保障机制

一 水资源系统保障社会经济系统的机制

水资源系统协同安全可以看作是，水资源是供给侧，向维持协同安全的各个需求提供水资源及其功能。从上文分析来看，这种保障可以分为直接保障和间接保障。保障关系的主体是水资源系统，保障关系的客体是协同安全，保障关系是水资源协同安全及其各个方面。从水资源系统来看，协同安全是水资源的主体系统（人类）的特殊需求。那么，从水资源系统的角度来看，就是主体系统以协同安全为目标，要求水资源的承载系统和水循环系统满足主体系统的协同安全需求。同样，从协同安全体系来看，水资源系统协同安全的机制是，协同安全体系内各子安全被水资源系统保障。

根据上文分析，水资源系统与国民、经济、社会、生态系统、资源安全、粮食安全、能源安全有深度关系，有直接保障机制。这就表明水资源保障国民安全是多层保障机制。

第一层次是保障国民的生存。水是生命之源，任何生命都离不开水资源。个人要生存，就必须饮水和吃饭；放到整个国家的视角来看，国民要生存，就必须保障一定量的水资源和口粮。这两个安全对于国民安全来说是最基本的安全，是生理性的安全。这种基本的保障是饮水安全和粮食生产内涵下的最基本的安全。

第二层次是保障国民的基本健康。在保障了生存的基础需求后，保障国民基本健康是国民安全进一步层次的要求。在这种层次下，必须持续保障国民一定数量和质量的水资源。除了基本的粮食生产之外，还有基本的生态系统的需求。

第三层次是保障国民的基本发展。在不同的时代，基本发展需求的内涵有很大区别。就个人来说，其发展意味着个人财富的增加。延伸至国民整体来说，就是整个国家财富的增加。那么就需要保障经济安全、基本生态系统、粮食安全、能源安全等。

第四层次是保障国民的全面发展。对于个体来说，全面发展意味着个人的福祉全面地、可持续地增加。对于国民整体来说，是国家整体福祉全面地、可持续地发展。经济安全、生态系统、粮食安全、能源安全、科技安全、信息安全、文化安全，等等。对协同安全整个体系进行保障。

国民安全的保障层次如图3—1所示。

（1）水资源保障非传统国家安全的环形机制。国家安全的宗旨是国民安全，也就是说协同安全体系中各种安全都是为了保障国民安全。水资源安全在国家安全体系之内，同时水资源安全又对其他安全有保障机制。这就是说，水资源保障非传统国家安全可以分为，直接保障国民安全和保障其他国家安全最终保障国民安全两种机制。具体的保障机制如图3—2所示。

（2）从水资源主体系统出发的保障需求。水资源系统协同安全的机制可以用主体系统对应的协同安全需求来分析，见表3—1。

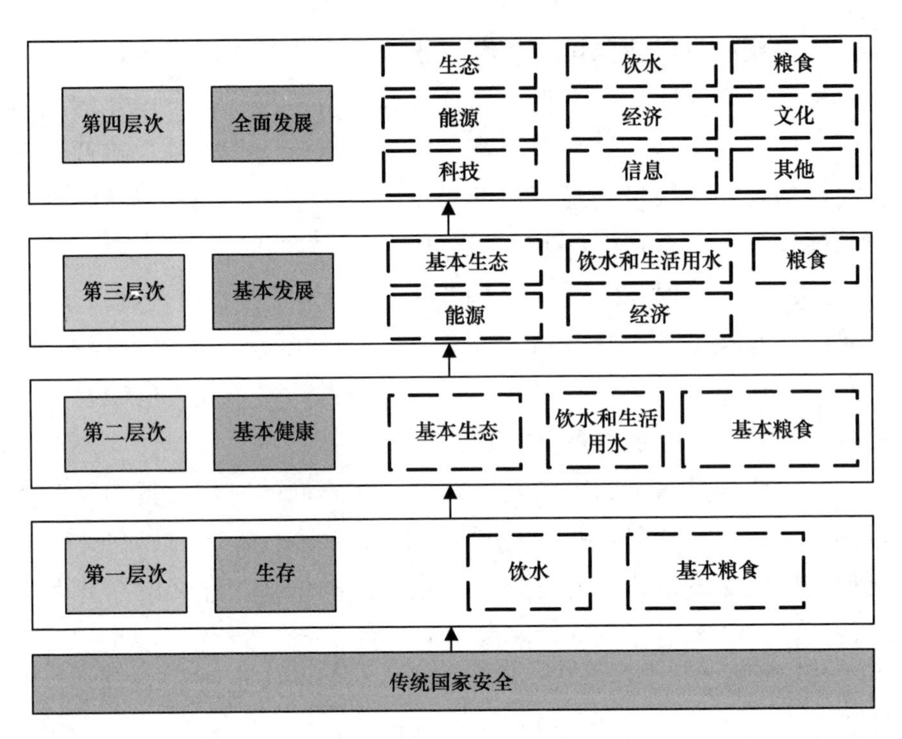

图 3—1　水资源协同安全层次

资料来源：笔者绘制。

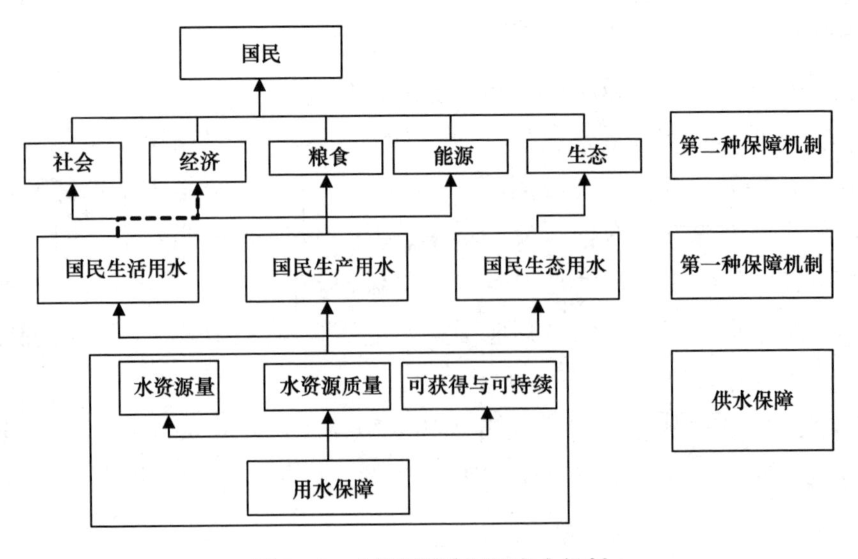

图 3—2　水资源保障国民安全机制

资料来源：笔者绘制。

表 3—1　　水资源系统保障主体

主体	次级主体	保障主体
生活	城镇居民生活	文化、国民
	农村居民生活	文化、国民
第一产业	水田	国民、粮食生产
	水浇地	国民、粮食生产
	灌溉林果地	国民、粮食生产、资源
	灌溉草地	国民、粮食生产、生态系统、资源
	牲畜	国民、粮食生产、资源
	鱼塘	国民、粮食生产、资源
第二产业	高用水工业	经济、科技
	一般工业	经济、科技、信息
	火、核电工业	能源产业发展、经济、核、国民
	建筑业	国民、经济
第三产业	消费型服务业	经济
	生产性服务业	经济、信息、科技
	公共服务业	经济、社会
河道内生态环境	河道基本功能	生态系统、资源
	河口生态环境	生态系统、资源
	通河湖泊与湿地	生态系统、资源
	其他河道内	生态系统、资源、国土、军事
河道外生态环境	湖泊湿地	生态系统、资源、国土、军事
	城市景观用水	生态系统、国民、文化
	生态环境建设用水	生态系统、国民、资源、国土、军事

资料来源：赵建世：《基于复杂适应理论的水资源优化配置整体模型研究》，博士学位论文，清华大学，2003 年。

二　水资源系统保障粮食安全机制

（一）粮食生产的用水机制

1. 粮食生产用水方式

粮食生产过程中的用水分为两种来源：一是地表或者地下水源；

二是直接利用有效降水。单纯依靠有效降水的农业被称为雨养农业；使用地表和地下水源的被称为灌溉农业。在中国农业总用水中，有效降水是主体，约60%的农业用水来自有效降水；依靠从地表和地下取水的约占农业用水总量的40%。灌溉是种植业提高农业用水保证率、维持农业生产稳定的重要措施。在中国，灌溉农业的单产是雨养农业的四倍。中国耕地的50%为灌溉耕地，50%是雨养耕地，灌溉耕地所产的粮食约占粮食总量的80%。

对于灌溉区域来说，可以分为纯井灌区、渠灌区和井渠结合灌区三种。一是纯井灌区。纯井灌区是从水井中汲取地下水以浇灌作物的灌溉方式。其多位于地下水丰富，以及不易于取用地表水的区域。分布式的管井，配套的设备和田间输水系统共同构成了该系统。二是渠灌区。其特点是完全依靠地表水供给，多见于地表水丰富的地区。渠灌区主要包括供水工程、田间灌水系统和排水系统。供水工程为地表水源工程和配套的输水、配水工程。渠灌区一般规模较大，农业水循环系统较为复杂。三是井渠结合灌区。该区域同时利用渠灌和井灌，其特点是利用地表和地下水进行灌溉。按照地表水和地下水供给量侧重不同而类型不同。在有地表水可以引用，但地下水天然侧向补给较少，地下水主要由降水和灌溉补给的地区，主要采用渠为主、渠井结合的灌溉方式。井渠结合灌区的农业水循环系统复杂程度远远超过井灌区和渠灌区的。

2. 粮食生产用水原理

对于粮食生产来说，作物生长过程中的蒸腾作用是必不可少的，是植被作物维持生命特征的充分必要条件。水资源在粮食生产中是作物蒸腾作用伴随的能量流动、物质流动等的动力。根部的物质随着根部水资源进入作物体内，在光合作用下形成物质和能量。在农业生产中，每个作物都可以看作水资源的“耗散体”，再加上作物间土地、池塘等水资源的蒸发，因此在更大的尺度上，农业生产的每块土地都是水资源的“耗散体”。

粮食生产灌溉用水最有效率的方式是将灌溉用水直接用于作物

根部的吸收，用于作物生产的蒸腾作用。然而，由于生产条件的限制，取水、配水、输水、灌水等灌溉的诸多环节都有可能出现效率损失的现象。黄昌硕等（2018）将农业灌溉效率的影响因素分为灌区的自然条件、灌区配套条件、作物种植结构、节水技术、管理水平以及宏观政策等。在一定作物生产条件下，提高灌溉效率能够降低取水量，在宏观意义上降低了粮食生产的灌溉用水总量。

3. 粮食生产过程中水资源利用的宏观影响因素

从水资源系统来说，主体系统中农业生产的作用是满足人类衣食住行等的需求，部分为了满足生态的需求。农业生产也是部分主体的收入来源。对于粮食生产来说，为了提高生产效率，增加灌溉面积是有效的保障措施。在其他条件不变的情况下，增加灌溉面积会增加灌溉用水。由于灌溉技术的发展，单位面积土地的实际灌溉取水会降低。在其他条件不变的情况下，灌溉技术的进步会降低农业灌溉取水。从农业生产效率来说，当生产效率提高时（例如农业育种等技术进步），单位面积的耕地能够生产出更多作物。在其他条件不变的情况下，作物产量一定的情况下降低灌溉用水，也可以看作宏观节约用水的措施。由于不同的农业生产有着不同的用水效率，当农业生产结构偏向单位产出用水较少时，在其他产出不变的情况下，相同的农业产出用水较少。

将农业的水资源取用，按照其在水资源系统中的循环路径，最后作为要素用于经济产出可以分为以下环节。一是水资源取用到作物根部的环节，这个环节的效率可以看作灌溉效率，这个环节的效率提升可以被认为是节水型技术进步。二是植被利用根部可以被利用的水资源，转化为农业产品的环节。这个环节的效率可以看作是生产效率，这个环节的效率的提升可以被认为是生产性的技术进步。三是农业生产的能力转化为价值量的环节，这个环节是农业生产能力的配置效率，这种效率的提高可以分为种植结构调整和农业增加值结构调整。

《中国水资源公报》中的农业用水，指的是灌溉用水和林牧渔业用水，利用有效降水部分不考虑在内。这主要是因为用水量考虑的是自然和人工界面上发生的作用，与实际意义上的水资源利用存在区别。在以后的研究中，如未特殊说明，用水量指的是发生在人类从自然界实际取用的水资源量，自然系统内的有效降水虽然被农业、生态、公共服务业等利用，但是不考虑在内。雨养农业与灌溉农业相比，最明显的差别是没有直接从自然界取水，对应于自然水循环的过程，虽然雨养农业对下垫面等有一定的影响，进而间接对水循环路径有一定的影响，但是没有改变自然水循环和社会水循环的实质，没有在两个水循环的界面上产生实质的影响。

（二）水资源保障粮食安全机制

水资源是农业的命脉。农业灌溉是用水的第一大户，中国灌溉用水约占总用水量的60%左右。农业灌溉用水是保障中国粮食安全甚至世界粮食安全的关键，是影响协同安全的重要方面。随着全国人口的增加、城镇化的不断推进、经济社会的不断发展，粮食安全面临着新的形势。一是耕地不断减少；二是农村劳动力不断减少；三是水土耦合效应不确定性增大；四是农业灌溉用水总量不断减少。这种粮食安全要素的不断减少与粮食需求的不断增加形成不断深化的矛盾。

这种不断深化的投入—产出之间的矛盾，势必要求在投入方面进行深入的调整。一是加大其他生产要素的投入，例如，化肥和农药的大量投入缓解以上要素的投入不足，但是造成了农业面源污染，危害水环境和水生态。二是提高要素的利用效率，如提高灌溉用水的效率，中国2010年全国农业灌溉水利用系数为0.5，2030年全国农业灌溉水利用系数控制指标拟提高到0.6的水平。三是进行体制机制改革释放制度红利，如目前正在进行的土地流转等，进行集约化和规模化的生产，形成规模效应提高生产率。但是土地制度的改革还面临诸多水资源方面的制度障碍，特别是土地流转过程中的农田水利设施的权属问题、水的公有权属问题等，土地权属、水利设施权属和水资源权属交叉在一起，但又相互分离，对释放改革红利造成一定的障碍。

除了投入方面的改变之外，在空间上，水资源的宏观配置也要契合土地资源和粮食的生产力布局。根据《全国主体功能区规划》，未来粮食安全形成以东北平原、汾渭平原、黄淮海平原、河套灌区、长江流域、华南和甘肃、新疆等农产品主产区为主体，以其他农业地区为重要组成部分的农业战略格局。东北平原农产品主产区要构建优质水稻、专用玉米、大豆和畜产品产业带；黄淮海平原农产品主产区要建设优质专用小麦、优质棉花、专用玉米、大豆和畜产品产业带；河套灌区农产品主产区要建设优质专用小麦产业带；长江流域主产区要建设优质水稻、优质专用小麦、优质棉花和专用玉米产业带；华南农产品主产区要建设优质水稻、甘蔗和水产品产业带；甘肃、新疆农产品主产区要建设优质专用小麦和优质棉花产业带。

中国 8 个农产品主产区中有 5 个位于北方地区。目前中国北方地区播种面积占总播种面积的 55%，产量占全国粮食总产量的 52. 5%，基本形成了“北粮南运”的粮食流通格局。而中国水资源总量分布中，南方占 81%，北方占 19%。这种水土分离的空间效应势必为中国北方地区的水资源问题带来挑战，也侧面反映了粮食安全所面临的突出问题。

为保障粮食安全，在国家层面制定了《全国新增 1000 亿斤粮食安全能力规划（2009—2020 年）》，将改善灌溉条件，改造中低产田作为首要技术条件。根据规划，实施完善农田水利基础设施，配套和改造已有灌溉排水设施，适当扩大灌溉面积，加强地力培肥等措施，大力度改造中低产田，形成旱涝保收的高产稳产粮田系统，全面提高耕地的产出能力。其中粮食主产区包括东北区、黄淮海区、长江流域区 3 大区域，共承担了 370 亿公斤以上的增产任务，占比为全国的 74% 以上，灌溉和排水是区域增产的最主要措施和途径。第一，东北区承担新增粮食产能任务 150. 5 亿公斤，并确定了主要增产途径为适度新建水源工程，增加农业灌溉供水能力，扩大有效灌溉面积，加强防洪排涝体系建设，加大现有灌区续建配套及节水改造力度，提升灌溉水利用效率，提高灌溉保证率和排涝能力。第二，黄淮海区承担新增粮食产能任务164.5亿公斤，该区域主要增产途径包括提高灌溉水利用率和效益，大力发展节水型农业，加强灌区续建配套和节水设施改造，加快淮北平原、里下河地区等涝区的排涝建设，提高农田防洪除涝能力。第三，长江流域承担新增粮食产能任务56亿公斤，主要增产途径包括进行灌区及节水工程续建配套，提高农业灌溉保证率，加大低洼涝区和环湖地区排涝能力建设力度，提高排涝水平。第四，除了以上3个粮食主产区外，中国还有120个非主产区的产粮大县、后备区和其他地区，增产占比共约26%。除华东和华南地区之外，其他区域都将水资源短缺问题作为最主要的制约因素，并将改善和开发水资源作为最重要的增产措施。

从2000—2014年的农业用水数据可以看出，2000—2008年，农业用水总量呈现下降的趋势，2009—2014年，自该规划公布及实施以来，农业用水总量呈现上升的趋势，从农业用水趋势线可以看出，农业用水总量呈现U形的特征，2009年是特殊的年份，2013年、2014年的农业用水总量基本与2000年相差无几（见图3—4）。从规划的内容和实际的数据可以看出，保障粮食安全的首要因素是水资源总量的改善和利用。在现阶段，保障粮食安全的首要措施是增大水利工程的投入和灌溉工程的改善，提高水资源的投入。

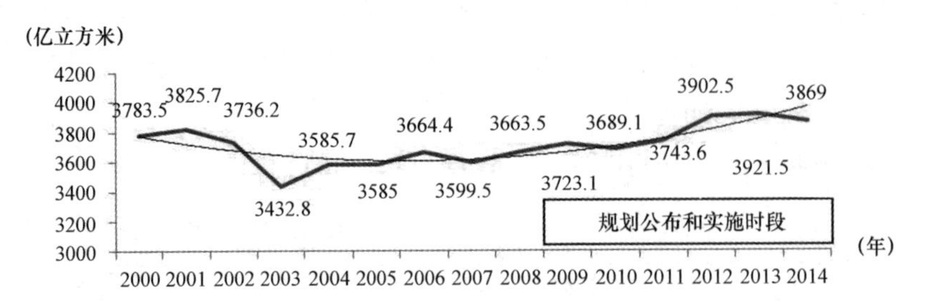

图3—4　2000—2014年农业用水总量变化

资料来源：对应年份《中国水资源公报》，笔者绘制。

从图3—5可以看出，粮食主产区省份（河北、内蒙古、辽宁、吉林、黑龙江、山东、河南、湖北、湖南、江西）的农业用水总量在逐渐增加，总量增加了140亿立方米。其中江西、湖北、黑龙江、吉林这4个省份的农业用水增加明显，湖南、河南、辽宁、内蒙古、河北的农业用水总量增加不明显，山东农业用水总量逐渐降低。黑龙江和吉林承担着东北地区增产的主要任务，从2007年到2014年，黑龙江农业用水总量增加了120亿立方米，吉林增加了20亿立方米。在这一时期，黑龙江和吉林扩建了“引嫩”灌溉工程、新建了哈达山水利枢纽及引水等工程，增加了灌溉供水，增加了农田有效灌溉面积，完善了水资源配置网络体系。

在保障粮食安全方面，国家考虑到区域水资源承载力，强化水资源保护与管理，以农业节水为先，统筹配置区域水资源，实行农业用水的总量控制和灌溉定额管理。从2007—2014年各主产区农业用水总量来看，除黑龙江和吉林新建灌区显著增大农业用水总量以外，其他省份农业用水总量变化不大，大部分省份不增反降。这与该规划全方位立体的水利工程建设有很大关系，更多的水利工程是依靠“大中型灌区、部分重点中型灌区续建配套与节水改造骨干工程提升用水效率”“大中型排灌泵站更新改造工程，改善灌区排涝能力”“在灌溉条件较差、灌溉水源不足的地区建设抗旱应急水源”等措施，通过提高用水效率来提高粮食单产能力。通过大农田水利基础设施建设提高水资源利用效率使得在农业水资源利用总量不增加的基础上提高了粮食安全能力（见图3—5）。

在管理上，加强农业需水管理，改善农业灌溉用水计量设施，因地制宜采用超额用水累进加价等市场手段，推进节水型农业发展，控制农业用水无序增长。东北区要统筹利用水资源，同时加强水资源保护工作，保护与管理新增灌溉耕地，维护生态健康；西北内陆河地区控制高耗水作物种植，适当压减地下水超采区灌溉面积，主要发展旱作农业；黄淮海区要利用管理措施加强农业节水，优化井渠结合的灌溉模式，逐步控制和减少地下水超采。从流域尺度来讲，

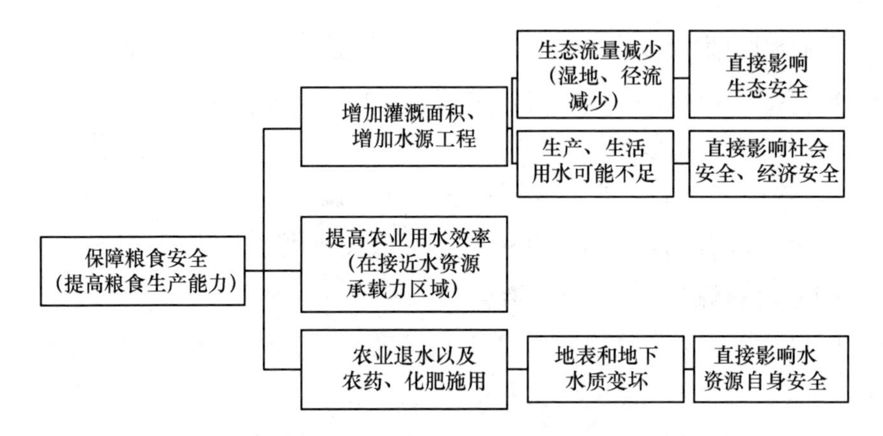

图 3—5　保障粮食安全对国家安全的影响

资料来源：笔者绘制。

要进行水资源流域综合规划与管理，河流上游要按照规划和水量分配进行利用，兼顾下游生活、生产、生态用水要求。加强水资源保护管理主要包括开展水污染监测和防治，逐步控制和减少污染源对河湖水质的不良影响。

三　水资源系统保障能源安全机制

（一）能源生产的用水机制

水资源是保障能源产业发展的重要因素，水资源是水电的动能载体和火电与核电的冷却剂，中国火电与核电取水约占工业取水的一半左右，在石油开采过程中需要注水，在煤炭开采过程中需要疏干采煤层的地下水，在新能源的生产和转换过程中都需要水资源。下面从能源的类型中分别分析归纳其用水机制。

1. 煤炭开采的用水机制

地下煤层的开采要疏干地下水，这种疏干水可以看作是对地下水资源的取用。从对山西省煤矿的调研来看，采煤疏干水大部分用于井下、矿区生产、生活用水、绿化用水等。特别是环保部门对采煤排水要求“零排放”之后，大部分煤矿将多余的疏干排水净化，排到矿区周边附属生态区域，作为生态建设一部分。

矿井水与生活污水处理回用有三种类型。一是生活污水与矿井水独立处理，独立使用。如盂县东坪、石店、跃进煤矿，矿井水由煤矿自己处理，生活污水由市政统一处理。二是生活污水与矿井水独立处理，混合使用。如平定汇能，沁源马军峪，长治司马、王庄，长子霍尔辛赫煤矿。其中长治司马、王庄，长子霍尔辛赫煤矿生活污水不外排，全部回用。三是生活污水与矿井水两套系统处理，混合使用，如阳泉南庄、武乡东庄。东庄有极少量排水，南庄不外排。

2. 油气开采过程的用水机制

油气开采是指在有石油储存的地方对石油和天然气进行挖掘、提取的行为。在开采过程中，油气从储层流入井底，又从井底上升到井口。油气聚集方式为，油气在地壳中生成后，呈分散状态存在于生油气层中，经过运移进入储集层，在具有良好保存条件的地质圈闭内聚集，形成油气藏。在一个地质构造内可以有若干个油气藏，组合成油气田。

在开采石油的过程中，主要驱动方式有以下五种，一是水驱油藏，周围水体由地表水流补给而形成的静水压头驱动；二是弹性水驱，周围封闭性水体和储层岩石的弹性膨胀作用；三是溶解气驱，压力降低使溶解在油中的气体逸出；四是气顶驱，存在气顶时，随压力降低而发生的膨胀驱动；五是重力驱，重力排油作用。当以上天然能量充足时，油气可以喷出井口；能量不足时，则需采取人工举升措施，把油流驱出地面。

3. 页岩气开采过程的用水机制

页岩气开采技术，主要包括水平井技术和多层压裂技术、清水压裂技术、重复压裂技术及最新的同步压裂技术。得益于页岩气革命中的水力压裂技术，页岩油（一种石油）的产量也飞速增加，使美国石油产量强劲反弹，因此 2011 年，美国自 1949 年以来首次成为精炼石油产品净出口国。水力压裂技术的运作如下，把水、砂子和化学试剂的混合液高压泵入地层深处的岩石，打开小的缝隙以允许石油和天然气更流畅的流到钻井口。石油公司利用技术上的优势降低成本，增加产量。

4. 煤化工的用水机制

煤化工是以煤为原料，经化学加工使煤转化为气体、液体和固体产品或半产品，而后进一步加工成化工、能源产品的过程。主要包括煤的气化、液化、干馏以及焦油加工和电石乙炔化工等。随着世界石油资源不断减少，煤化工有着广阔的前景。在煤化工可利用的生产技术中，炼焦是应用最早的工艺，并且至今仍然是化学工业的重要组成部分。煤气化生产的合成气是合成液体燃料、化工原料等多种产品的原料。煤直接液化，即煤高压加氢液化，可以生产人造石油和化学产品。在石油短缺时，煤的液化产品可替代天然石油。

耗水量大是煤化工的一大特点。很多地方煤资源丰富，水资源却短缺。中国北方和沿海大部分地区都属于这种情况。有许多煤化工企业受缺水的困扰，常常出现煤化工企业与农业或其他工业争水的现象。要保持煤化工企业正常运行，起码要保证每小时上千吨新鲜水的供应。真正上规模的煤化工企业，大约有 2000—3000 吨/小时的用水量。

同时，煤化工企业对水价也比较敏感。全国各地水价相差很大，一般南方靠近江河的地方水价便宜，新鲜水价格 0. 2—0. 3 元/吨，水资源费 0. 02—0. 03 元/吨，大部分地区水价格在 0. 4—0. 5 元/吨。然而，有的地方要从很远的地方调水，有些工业园区水价很高，达到 1. 5 元/吨，企业难以承受。个别沿海缺水地区，选用海水淡化，水价至少达到 5 元/吨，若煤化工企业用就承受不起。

5. 火电电力的用水机制

这里以煤电厂为例：第一步，煤炭在锅炉中燃烧产生大量热量（化学能→热能）。第二步，锅炉中的水，从而产生高温高压蒸汽，蒸汽通过汽轮机又将热能转化为旋转动力，高压蒸汽的热能转化为机械能后，形成凝结水汽（热能→机械能）。第三步，冷却水与凝结水汽热交换，凝结水汽继续循环，吸收燃烧热产生高压蒸汽，冷却水获得热量用于城市的集中供暖和供热（热能→集中供暖、供热）。第四步，高压蒸汽推动转子转动发电（机械能→电能）。

（二）水资源保障能源安全机制

保障能源安全在协同安全中占有重要的地位。能源产业发展有较为完善的保障体系，涉及规划、空间布局、生产、储备、消费等环节。

1. 保障能源安全的用水需求

能源生产过程中的用水占工业用水的大部分，根据中国《水资源公报》，火电核电取水约占工业用水的一半左右，采煤、采油、石油加工、炼焦等开采和生产工艺都要求大量的用水，能源生产和发展需要水资源保障。

2. 保障能源安全的空间布局

《主体功能区规划》：重点在能源资源富集的山西、鄂尔多斯盆地、西南、东北和新疆等地区建设能源基地，在能源消费负荷中心建设核电基地，形成以“五片一带”为主体，以点状分布的新能源基地为补充的能源开发布局框架。其中山西重点发展坑口电站，鄂尔多斯盆地以煤炭开采加工和火力发电，西南以水电，东北以石油开采，新疆以适度加大石油、天然气和煤炭资源的勘探开发为主，在中东部增加核电建设。根据上述分析，山西、鄂尔多斯盆地、东北、新疆都是水资源短缺地区，应在这些地区实施水权转换等多种措施保障能源基地建设，确保能源基地内的水资源优化配置实现国家能源空间布局。

四　水资源系统保障生态安全机制

（一）生态系统的水资源保障

广义生态系统概念以国际应用系统分析研究所（IIASA,

1989）提出的定义为代表：生态系统是指在人的生活、健康、安乐、基本权利、生活保障来源、必要资源、社会秩序和人类适应环境变化的能力等方面不受威胁的状态，包括自然生态系统、经济生态系统和社会生态系统，它们共同组成一个复合人工生态系统。狭义的生态系统是指自然和半自然生态系统的安全，即生态系统完整性和健康性的整体水平反映。在本书的研究中，生态系统是协同安全的重要组成部分，是广义的生态系统概念。保障生态系统可以分为两个大的方面，一是保障自然状态的生态系统，二是保障人居环境的生态系统。

（二）自然状态生态系统的保障机制

对于自然状态的生态系统来说，水资源的保障无疑就是人类活动尽量少取用水资源，或者是社会经济用水尽量不挤占生态用水。在这种状态下，水资源保障生态系统可以分为以下四个方面。

第一，水资源保障生态空间的安全。森林、草原、湿地、河道、湖泊、近海等生态空间的安全都要求水资源的保障。森林和草原都要求水源的滋润，湿地、河道、湖泊本身就是水体的一部分，近海的生态系统要求陆地上水、能量、物质的补给与海洋系统形成混合。目前来看，由于水资源的不合理利用，生态用水被挤占，生态空间被威胁，环境和生物资源衰退。

第二，水资源保障土地的生态系统。水资源可以保障地表植被、保障土地免受沙化、水土流失、土壤退化、面源污染等风险，这就是水资源对土地生态的安全保障。

第三，水资源保障生物多样性。生物栖息在生态空间之内，水资源对生物多样性的保障可以分为两个方面，一是水资源对生态空间的保障间接保障了生物多样性；二是水体本身就是生态空间的一部分，水流、湖泊、河口、近海、湿地等本身就是生物多样性丰富的栖息地，其对生物多样性极为重要。

第四，应对气候变化的潜在影响。气候变化的影响是多方面的，是难以预见的。就目前来看，由于温室气体排放急剧增加造成了气候变化，例如温室气体排放对于生态环境造成影响导致极端天气频发。水资源带来生态空间和碳汇的增加，能够部分应对温室气体排放带来的影响。另外，水资源的优化配置能够应对气候变化影响的局部区域干旱等问题。

可见，水资源保障自然状态下生态系统机制就是少取用水，恢复生态功能，退还原来被挤占的生态空间和生态用水，该机制是“做减法”的机制。

（三）人居环境生态系统的保障

人工景观生态系统是指为满足人的精神需求而建设的拟自然生态系统，它与自然生态系统最大的区别在于它加入了人类审美取向的元素，经过了人工的过滤和筛选，因而也就需要人工的持续维护才能保持其系统内的平衡。人工景观生态系统一般建设在城市中心和周边地区，一方面，它是城市化发展到一定阶段后，人类精神需求的自然回归；另一方面，它是全球气候变化背景下，生活在工业污染阴霾中的人类的绝地反思。人工景观生态系统目前主要有三类具体形式：人工绿地、人工湿地和建筑水景观。维持人工景观生态系统平衡的措施包括人工补水、清理垃圾和杂草、定期修剪、灭虫去污等，其中最重要的是维持该系统中的水分平衡和水质达标，即保证人工景观生态系统的生态用水。

第一，人工绿地的保障。人工绿地即是人类为满足环境审美需求而建设的陆生植被区，包括人工草地、人工林地、人工灌丛等，广泛分布于公园、广场、生活小区以及道路两侧。人工绿地的雏形是城市建筑面积以外天然陆生植被，之所以称之为“天然”，而非“人工”，是因为在城市发展的早期，主要的资金都花费在满足人类物质需求的建筑和设施建设上，对于建筑间空地绿化的投入较小，仅仅是一次性种上树或草之后就不再维护，这些建筑空地上的植被主要依靠天然降水生存，处于一种自然状态。人工绿地的用水主要是树木和草地灌溉用水。

第二，人工湿地的保障。狭义的人工湿地是指由人工建造和控制运行的与沼泽地类似的地面，其主要目的是处理污水或污泥。操作过程是将污水、污泥有控制地投配到经人工建造的湿地上，污水与污泥在沿一定方向流动的过程中，利用土壤、人工介质、植物、微生物的物理、化学、生物三重协同作用，对污水、污泥进行处理；其作用机理包括吸附、滞留、过滤、氧化还原、沉淀、微生物分解、转化、植物遮蔽、残留物积累、蒸腾水分和养分吸收及各类动物的作用。人工湿地取其广义含义：指以美化环境为目的，由人工建造或经人工改造治理的沟渠、河流、湖泊（主要指为改善环境而建的城市湖泊，不包括为防洪、供水而建的水库）、沼泽等地域。

第三，建筑水景观的保障。建筑水景观是指与建筑相融相生的水循环系统，它以建筑为母体，构筑水循环的动力系统和循环通道，以水为其跃动音符，营造美轮美奂的人造水环境，满足人类的精神需求。常见的建筑水景观有喷泉、水幕、花园小水池等。

五　水资源系统保障经济安全的机制

国家经济安全是指经济全球化时代一国保持其经济存在和发展所需资源有效供给、经济体系独立稳定运行、整体经济福利不受恶意侵害和非可抗力损害的状态和能力，是指一国的国民经济发展和经济实力处于不受根本威胁的状态。水是生产之要，本书从工业、服务业来分析。

（一）工业生产用水机制

1. 工业用水分类

工业用水按用途可分为三大类，即间接冷却水、工艺用水和锅炉用水。其中，工艺用水又可以分为产品用水、洗涤用水、直接冷却水和其他用水。间接冷却水为生产过程中作为不与产品接触的吸热介质，带走多余热量的水。水是工业生产最常见的吸热介质，在工业生产用水中所占的比重较高。工艺用水是直接用水，工业都有工艺用水。锅炉用水是为工艺或采暖、发电等需要产汽的锅炉给水及锅炉水处理用水。

2. 工业用水的机理

从功能与原理上讲，直接冷却水和间接冷却水的工作原理在本质上是一致的，锅炉用水利用了水体载能的特性，洗涤用水的功能主要是转移污染物，产品用水主要指水直接进入产品。本部分主要针对冷却用水、锅炉用水、洗涤用水和产品用水进行分析。

第一，冷却用水的冷却功能与工作原理。水的热容量较高，具有很高的熔化热和汽化热，是热能的良好载体，因此经常被作为冷却水。根据冷却用水是否与被冷却的工业对象接触可分为间接冷却水和直接冷却水两种。

间接冷却水是指与被冷却物质通过换热设备进行间接换热的冷却水。相对于直接冷却水来讲，间接冷却水由于不直接与被冷却物质进行接触，因此主要是水温或赋存形态会有一定变化，其水质主要受换热设备和环境影响，一般不会发生较大改变，因此间接冷却水在经过降温之后大多可循环使用。直接冷却水是与被冷却物质直接接触换热的冷却水，与间接冷却水相比冷却效率相对较高。直接冷却水因同产品和原料直接接触，排水的水质受冷却对象影响较大，往往要根据生产工艺要求进行适当处理才能实现循环使用。

第二，锅炉用水的热力功能与工作原理。高温状态下，高压蒸汽推动汽轮机对外做功。锅炉能够提供热能、机械能，以及通过发电机将机械能转换为电能。为以上工业过程提供的水统称为锅炉用水。锅炉用水又分为锅炉给水和锅炉水处理用水。

第三，洗涤用水的洗涤功能与工作原理。水有很强的溶解能力，是性能优良的溶剂，几乎所有的物质都可或多或少地溶解在水中。水的溶解能力，特别是对固体电解质的溶解，是和它的强极性与很高的介电常数有关的。置于水中的固体电解质，其正、负离子都会受到极性水分子的吸引，同时高的介电常数又使这些离子在水中的相互结合力仅为固体中的1/18。因此，电解后难以在固体中保持而转入水中，形成电解质溶液。在加热、磁场等作用下，水分子间的氢键将受到不同程度破坏，从而降低了缔合度而活化。物质一般在热水中溶解度大，洗涤效果好。

第四，产品用水的参与生产功能与工作原理。产品用水指水作为工业生产原材料之一，直接参与产品的生产或作为产品的组成部分，食品加工业、药品制造工业中产品用水相对较多。产品用水的归宿大体分为两种，一种是作为废水放掉，另一种是成为产品的组成部分。除上述四种主要类型外，工业用水还有一些其他的用水，如利用水的导电特性为生产过程提供所需的适宜湿度环境等。

根据工业企业的生产用水方式，可以将工业生产给水系统分为直流、循环或回用（再利用）、循序（或串联）基本类型。其中循环给水系统绝大多数用于工业生产的冷却用水、部分洗涤用水系统，其基本特点是将使用过的水经冷却或适当处理后重新用于同一个生产过程。

3. 工业生产用水的影响因素

从以上四种工业用水微观机制来看，水资源的归属可以分为三个方面，一是进入到产品自身；二是蒸发离开生产环节；三是随着废水排放。如果将工厂进行概化来看，每个工厂可以概化为作物，可以看作一个“耗散体”。

从水资源取用到生产核心环节，到产品生产环节，再到产品的价值实现环节来看，水资源取用到生产核心环节，是水资源的微观配置效率，例如，循环供水系统的配置效率高于直流供水的配置效率，该环节效率的提高依赖于水资源利用的技术进步。产品生产的技术环节对应于对各种资源、中间产品、资本和劳动力等的综合利用效率，该环节效率的提高是生产的技术效率。产品的生产能力到价值的实现环节情况较为复杂，从更宏观的角度来看，将生产能力用于增加值更高的行业更有效率。

（二）服务业用水机制

服务业与农业、工业并称为三大产业，服务业是非物质生产部门。一般将服务业分为生产型服务业、消费型服务业、公共型服务业。生产型服务业是为商品和服务生产者提供中间服务的行业。生产型服务业是宏观经济的润滑剂，它能促进经济交易，推动产品和服务的生产，推动经济的增长。生产型服务业包括：交通运输、仓储和邮政业，信息传输、软件和信息技术服务，金融，租赁和商务服务，科学研究和技术服务；消费型服务业包括：批发与零售，住宿与餐饮，房地产，居民服务、修理和其他服务；公共服务业包括：水利、环境和公共设施管理，教育，卫生和社会服务，公共管理、社会保障和社会组织。需要说明的是在有些地区，公共服务业中的水利设施管理业包括了水利部门管理的水库向农业供水的情况，其用水较大，由于在统计上这部分的用水与农业用水重叠，水利服务业向农业供水的情况不再考虑。

根据服务业的用水类型，有研究将其分为整体自我驱动型行业和整体功能驱动型行业（王建华等，2013）。其中，整体自我驱动型行业的用水与其行业功能基本无关；整体功能驱动型行业的用水与其行业的功能有很大关系，根据与其行业内部人员的关系，又分为内部整体功能驱动型行业和外部整体功能驱动型行业。整体自我驱动型行业可以看作在机关和写字楼办公，依赖于从业人员非物质生产的服务业，用水不参与服务直接形成过程，只与从业人员产生价值的过程有关。整体功能驱动型行业，是用水参与服务的形成过程，例如绿化、洗车、洗浴、医院、批发零售业、住宿餐饮业等。内部整体功能驱动型服务业是指用水的驱动由内部从业人员驱动；外部整体功能驱动型服务业指用水由外部消费人员驱动。例如公共绿化等多为内部功能型驱动，而洗车、洗浴等多为消费者或者服务对象驱动。

从生产型服务业、消费型服务业、公共服务业的具体行业来看，生产型服务业多为自我驱动型行业，消费型服务业多为外部整体功能驱动型行业，公共服务业则兼具这三种类型。对于一个区域或者城市来说，总体看来，生产型服务业的水资源利用总量与其从业人员数量和单位人员的用水技术系数有关。消费型服务业的水资源利用与其服务对象的数量、从业人员数量和单位人员的用水技术系数有关。公共服务业的水资源利用总量与其服务对象的数量、从业人员数量、直接服务对象以及用水技术系数有关。例如，水利、环境和公共设施管理中的绿化用水与绿化面积和区域自然条件有关，但是一般来说绿化面积大多与区域常住人口也有极密切的关系。除以上的因素外，服务业用水还与自然因素、经济因素、社会因素、政治因素有极大的关系。

从具体的用水机理来说，服务业用水可以分为维系生命特征用水、清洁用水、冷却用水、功能用水等。维系生命特征用水指从业和服务对象的饮用水以及餐饮业的用水、绿化用水等。清洁用水指从业和服务对象的卫生和清洁需要的用水。冷却用水指维系场所或设备的环境温度需要的用水，如空调等的用水。功能型用水指特殊功能用水，如科学研究中的用水、医院中的消毒用水等。从这个方面来看，服务业用水的基本机制与工业用水差别不大，但是工业用水大部分用于设备，而服务业用水大部分与人员有关。

因此在服务业中，每个人员（从业人员和服务对象）可以被视为“耗散体”，也可以将每栋建筑作为“耗散体”。刘家宏等（2012）将服务业概化为“办公树”（如办公、教学楼），“商业树”（如商场），“生活树”（如饭店、旅馆），“其他杂树”（如体育馆等）。

在服务业中，用水的核心是从业人员和服务对象人员，生产的核心也主要是从业人员和服务对象人员。将取用的水资源配置到各个场馆末端供从业人员或者服务对象人员使用是配置效率，该效率的提高主要依赖于设施的投入和用水技术的进步。水资源利用到服务产品形成的过程，该部分用水不一定与服务产品形成具有直接关系。例如，在同一个办公楼的不同从业人员，即使其用水量相同，但是由于其从事行业和个体等的差异，其服务产品有着不同的差异。

（三）中国用水情况

2016年根据《中国水资源公报》统计，生活用水占12.7%，工业用水占24.0%，农业用水占61.3%。农业用水和工业用水占绝对比重。数据中生活用水涵盖了服务业用水和居民生活用水。新中国成立以来，中国工业淡水取水量从1949年的24亿立方米增长到2011年的1462亿立方米，其中一般工业取用淡水966.2亿立方米，火电与核电取用淡水495.6亿立方米。由于工业节水的需要，工业重复利用量从1980年的73.8亿立方米增长到2011年的9209.5亿立方米，海水利用量从1993年的60亿立方米增长到2011年的604.6亿立方米。重复利用量和海水利用量对于中国节约淡水资源来说起到非常大的作用。从一般工业取用淡水资源的量来说已基本稳定，从火电与核电取用淡水资源的总量来说，已出现略微下降的趋势。从分省工业取用淡水量排名来说，江苏、广东、湖北、湖南、安徽、福建、上海、四川、浙江、江西位列前十位，基本都是南方省份。就工业增加值排名来说，广东、江苏、山东、浙江、河南位列前五。工业大省山东、河南的工业淡水取用量相对较低，且都位于北方，缺乏水资源禀赋优势。由此可见，中国水资源工业空间布局合理。从水资源一级区来看，长江区工业淡水取用量为746.8亿立方米，占中国一半以上。珠江区为216.6亿立方米，东南诸河和淮河区超过100亿立方米，可见工业用水量分布基本与水资源分布一致。

（四）水资源保障经济安全的机制

从以上分析来看，水资源是经济的血液，对保障经济安全有着至关重要的作用。这里需要说明的是，由于其特殊性，粮食安全和能源安全既可以认为是经济安全的一部分，又可以认为是独立于经济安全的特殊子安全。由于之前的分析，这里不再分析对这两个安全保障的机制。

第一，水资源禀赋是资源环境承载力的重要内容。资源环境承载力是区域经济发展的基础，没有资源环境承载力，经济发展就无从谈起。增加水资源，很大程度上意味着增加区域资源环境承载力，拓宽经济发展的边界。

第二，水资源禀赋分布决定了生产力空间布局。水资源禀赋意味着资源环境承载力和经济发展边界，因此水资源禀赋的空间分布决定着生产力的空间布局，这种布局直接决定国家经济安全与否。

第三，水资源是保障经济安全的直接因素。中国产业安全面临两个挑战，一是提升竞争力的挑战，二是产业空心化的挑战。前一种挑战主要是由于目前发达国家再工业化、以美国为首的贸易保护主义对中国发动贸易战，造成中国关键行业核心技术引进面临诸多困难。后一种挑战是东南亚、南亚国家由于低廉的劳动力成本和较为丰富的资源环境承载力，中国现有的中低端产业转移趋势加剧。水资源除了是中低端产业必要生产要素之外，还是芯片行业、装备制造、生物医药等高端行业的必须要素，而这些行业也要大量取用水资源且对水质有特殊要求。

第二节　水危机危害国家安全机制

一　水危机危害的传导机制

以水资源短缺、水环境污染、水生态恶化为表征的水危机从多个层面、各个途径危害国家安全。这种危害机制体现了国家安全的内涵和广度发生根本变化。从上一章节的国家安全体系和水资源系统来看，水危机危害国家安全的主要途径可以分为三个方面。一是水危机本身就是国家安全系统中的资源安全和生态系统受到危害的反映。也就是说，当发生水危机时，国家安全已然受到危害。二是水危机发生之后，需要水资源保障的协同安全体系难以得到有效保障，未保障即受到威胁。二是水危机发生之后，经过酝酿和发作，再加上敌对势力的利用，水危机演化形成更大的系统性危机，危害协同安全。

（一）水危机的表现形式

水危机基本表现形式是水资源短缺、水环境污染和水生态破坏，除此之外，还有以极端天气和突发事件为标志的水危机的其他表现形式，例如，干旱和暴雨等极端天气形成旱灾和水灾对农业生产的影响，工业中突发水污染事件对水体的影响。

水危机的形成有自然和人类活动两种原因。一方面水危机影响各用水户的用水安全；另一方面各用水户的用水和排水活动进一步影响水体，进而形成水危机。在区域活动中，各用水户的用水和排水活动形成竞争并且具有外部性，一个用水户的活动对其他用水户形成影响。在这种情况下，水危机进一步深化，形成恶性循环。

（二）水危机的主要传导框架

在分析水危机对国家安全的传导机制中，这里分用水部门进行分析。用水部门分为饮水、生活用水（除饮水以外）、农业用水、工业用水（除能源用水以外）、能源用水、市政用水、生态用水（除市政生态用水以外）。具体情况如图 3—6 所示。

第一，就人类生活饮用水而言，面临的主要是水资源短缺、水污染、饮用水质不达标、水源的不可持续性等问题。这些问题直接与国民安全相关，并进一步传导和影响政治安全与社会安全，是对协同安全影响路径最直接、影响力最大的方面。

第二，对于农业用水主体而言，主要面临以下四个方面的问题。一是水资源短缺及不可持续、水污染严重等危机直接影响中国的粮食安全。二是由于农业用水主体的多样性，农村用水矛盾也一定程度上影响社会稳定。特别是有些地区，工业用水直接挤占农业用水，用水不公平现象突出。三是农业安全保障不足向经济安全传导。四是农业安全关系到生态安全。在传导机制上存在以下两个方面的路径：一是粮食生产、经济安全和生态安全影响着国民安全，国民安全进而影响社会安全和政治安全；二是生态安全直接关系到国土安全，国土安全同样影响到社会安全和政治安全。

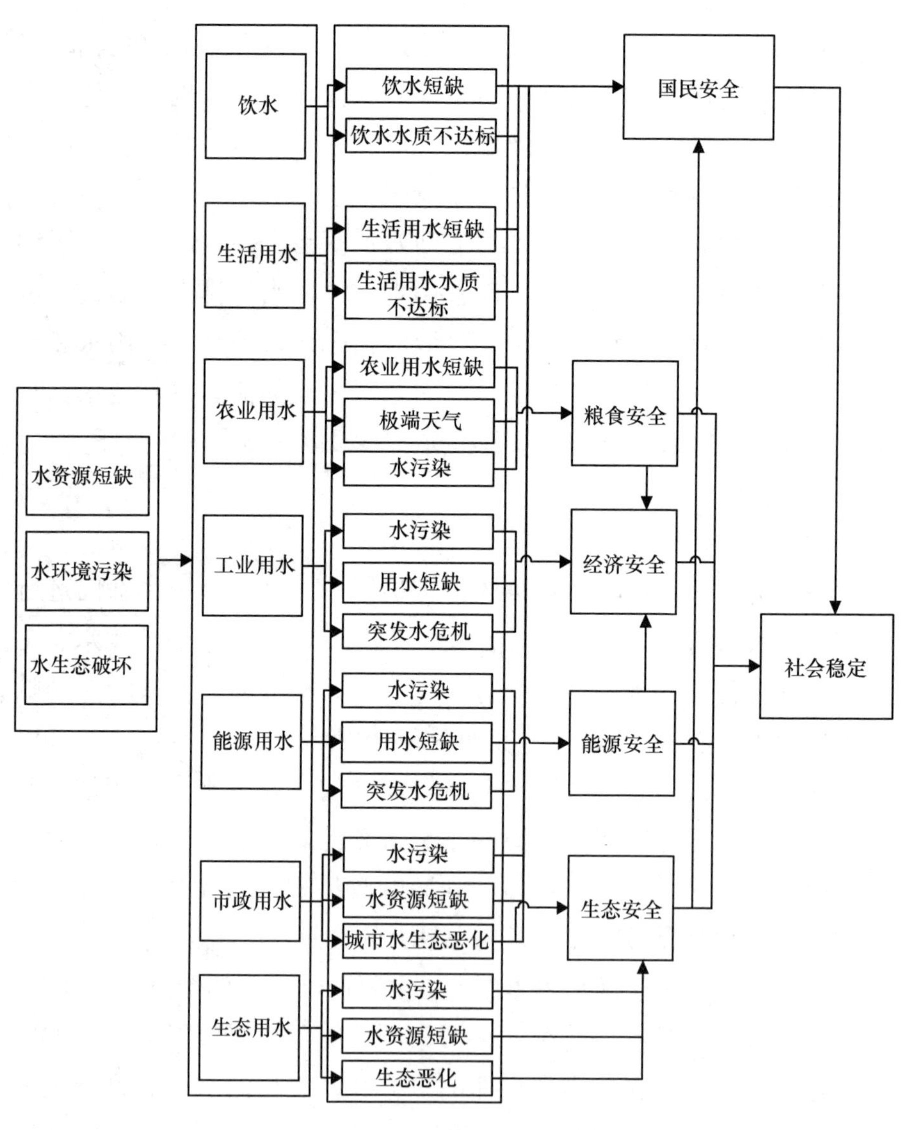

图3—6　水危机影响国家安全的传导机制

资料来源：笔者绘制。

第三，对于工业用水主体来说，工业分为一般工业、火电和核电等能源产业、高用水工业三类，都面临着水资源短缺、水污染和水资源的不可持续等问题。工业是实体产业部门，水资源问题一般会导致工业停产，威胁经济安全、国民安全，进而威胁社会安全和政治安全。如果工业用水过多，排污超过水体纳污能力，会威胁生态安全、国民安全、社会安全和国土安全，进而影响政治安全。此外，水资源问题对能源产业来说会影响能源安全，进一步又影响经济安全、军事安全、国民安全，最终影响社会安全和政治安全。

第四，就市政用水而言，市政用水一般包括除城镇生活用水以外的、城市自来水网供水的部分，一般包括城市第三产业用水、城市景观用水等。在第三产业用水中，有一部分产业用水机制与生活用水类似，另一部分产业依靠大量的水，如洗车、洗浴行业等。市政用水的问题包括水资源短缺及不可持续、水污染和供水水质问题，这些问题关系到经济安全、国民安全、生态安全，进而关系到国土安全、军事安全、政治安全和社会安全等。

第五，对于生态用水主体部分来说，它和其他用水主体一样，主要是三个问题，关系到资源安全和生态安全，进而关系到军事安全、能源安全、国土安全和国民安全，再进而影响到政治安全和社会安全等。

（三）水危机的次要影响路径

需要说明的是，图3—6描绘的是水危机影响国家安全的传导机制。除了直接影响之外，一些安全子系统还间接与水危机有很大关系。

“保护生态环境就是保护生产力”。实践证明，区域和流域水短缺和水污染已经严重制约了中国部分区域的生产力发展。相反，优良的生态环境和先进技术一起支撑了中国沿海经济的持续发展。

在文化安全方面，世界自然基金会（World Wide Fund for Nature，WWFN）提出的水风险评估工具中将“水在当地文化或宗教中的重要性”作为衡量水的声誉风险的关键指标之一。中国水文化灿烂，以“上善若水”等为代表的古代哲学，以苏州园林为代表的园林艺术，以京杭大运河沿岸为代表的运河文化，以黄河、长江为代表的母亲河文明等都是水文化的具体表现。由此可见水在中国文化安全中的作用。发生区域水危机，区域水文化就成为无根之木。例如，居延海干枯，诗词中的居延海盛况难以重现；黑河改道干枯，黑水城文化消失。

此外，在高科技工业的生产性用水方面，水危机直接影响科技安全。在高科技和信息产业的生产性服务业中，水危机直接影响科技安全、信息安全等。在生态用水以及维护生态的建设用水中，水危机影响国土安全和军事安全等。

（四）水危机演化和跳跃机制

在国家安全体系中，政治安全和国民安全具有特殊的地位。水资源与国民安全有直接的关系，水资源为国民提供满足一定质量水平的饮水和生活用水。当水危机发生时，会对饮用水安全造成很大的影响，对国民安全造成损害。

除了直接的关系以外，水危机还直接作用于粮食安全、能源安全、经济安全和生态安全等，进而对国民起间接的作用。将水危机对国民的这种直接和间接的作用看作是单个居民的直接和间接作用，当积累到一定数量时，在一定的外部条件作用下，会造成社会不稳定，对社会安全造成损害。当对社会安全的损害积累到一定程度，在敌对势力和外部条件作用下，则会对政治安全造成损害。具体的跳跃机制见图3—7，笔者将水危机威胁到经济安全的节点作为第一次跳跃点；将由经济安全进而威胁到国民安全的节点作为第二次跳跃点；将由国民安全进而威胁到社会稳定的节点作为第三次跳跃点。

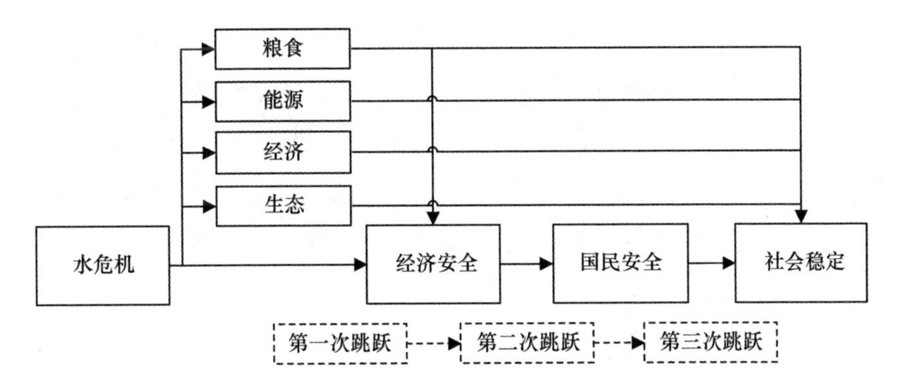

图 3—7　水危机威胁国家安全的传导跳跃机制

资料来源：笔者绘制。

二　水危机危害粮食安全的机制

水危机对粮食安全的危害有两类，一是短暂的冲击，二是长期的影响。对于前者来说，由于极端气候变化、突发事件造成的水资源短缺、水环境污染等水危机，进而会对粮食生产、运输等过程中的水量、水质需求造成实质的影响，对粮食生产造成损害。对于后者来说，由于水危机造成水资源禀赋的变化，进而会损害粮食生产能力和粮食生产空间布局，对粮食生产造成影响。

由干旱、暴雨、突发水污染事件等造成的短暂的危害粮食生产能力的情况，一般来说，其影响区域相对有限，可以通过水库调节、应急调水、粮食储备制度等有效的、完备的应对措施得到解决。但是，这种应对措施一般需要完备的工程和非工程措施，因此，其在经济较为发达的国家相对较为完备。

水危机对粮食安全的长期影响可以分为两种情况。一是粮食生产区域的取水不可持续造成的影响。粮食生产区域，特别是粮食主产区为水资源和土地资源禀赋搭配完备的地区。由于粮食生产消耗大量的水资源和占用大规模的土地。随着粮食生产需求的增长，土地规模不断扩大，大量地表和地下水资源被消耗，造成区域水资源不断减少。由于区域水资源开发不可持续，导致粮食生产区域土地资源急剧退化，生产能力断崖式下降。二是水体污染对土壤的破坏。在灌溉用水中，部分来自污染水体和工厂污染废水，以及由于农药和化肥的滥用，都对土壤造成污染，特别是土壤的重金属污染，使粮食受到污染。这些粮食中的污染物，一旦进入食物链，最终会向人类自身集聚，对国民安全造成严重危害。

三　水危机危害能源安全的机制

根据不同的研究，一个国家的能源安全可以界定为不同的内涵和外延。在外延上，已经从石油供给安全延伸至煤炭、电力等多种能源产品的供应安全。在内涵上，Willrich 在 20 世纪 70 年代将能源产业发展分为进口国能源产业发展和出口国能源产业发展。Maull 把能源产业发展界定为能源的经济安全（供给安全）与能源的生态环境安全（使用安全）的统一。立足于中国国情的较具代表性的研究认为，国家能源产业发展概念是由能源供应保障的稳定性和能源使用的安全性组成。第一，能源供应的稳定性（经济安全性）是指满足国家生存与发展正常需要的能源供应保障稳定程度。第二，能源使用的安全性是指能源消费及使用不应对人类自身的生存与发展环境构成任何威胁。能源供应保障是国家能源产业发展的基本目标所在，而能源使用安全则是更高的目标追求。

水危机危害能源安全的机制可以分为两个方面，一是对能源供给稳定性的影响；二是对能源使用安全性的影响。

水危机危害能源供给稳定性的路径主要有以下三个方面。一是水资源短缺造成能源生产能力不足，进而影响能源供给稳定性。能源供给体系虽然包括国内、国外两个部分，但是国内的能源生产能力对于协同安全起着压舱石的作用。水资源是能源生产的必备条件，水资源短缺导致部分区域石油、页岩气开采动力难以为继，造成火电和核电机组的稳定剂缺失，进而造成能源生产能力的下降。二是水污染导致能源生产能力下降。除了能源开采，煤化工、油化工、电力生产等能源的加工也是能源供给体系的重要组成部分。除了水资源短缺的影响以外，水污染严重也会造成这些加工行业优质水资源需求难以满足，进而影响生产能力。三是突发事件造成的水电能源的损失。以松花江水污染突发事件为例，2007 年松花江突发水污染，影响沿岸居民生命、财产安全和协同安全，为应对突发事件，紧急从上游放水，造成水电能源的损失，影响能源供给的稳定性。

水危机对能源使用安全性的影响主要有以下两个方面。一是水资源短缺造成能源使用安全性的丧失。水资源是能源使用的稳定剂，缺少稳定剂，能源使用的安全性就难以保障。二是水环境污染倒逼清洁能源的发展和有效供给。在水环境污染的区域，其环境容量已相对较小，只有朝着清洁能源的方向发展，才能满足环境容量的需求。

四　水危机危害经济安全的机制

水危机危害经济安全的机制可以分为三个方面。一是对经济发展所需资源供给的危害；二是对经济体系独立稳定运行的危害；三是对整体经济福利的危害。

第一，水危机对经济发展所需资源供给的危害可以分为两个方面。一是水资源短缺造成经济发展所需的包括水资源供给、能源供给以及其他资源供给在内的整个资源供给体系的危害。二是水环境污染造成的经济发展所需的包括水资源供给、能源供给以及其他资源供给在内的整个资源供给体系的危害。

图 3—8 展示了工业用水对协同安全的保障机制，以及工业用水形成的水危机对协同安全的影响传导机制。

第二，水危机对经济体系独立稳定运行的危害可以分为三个方面。一是水危机对短期经济安全的影响，包括干旱、水污染突发事件等对经济运行的冲击。短期冲击可以利用初期经济布局的工程和

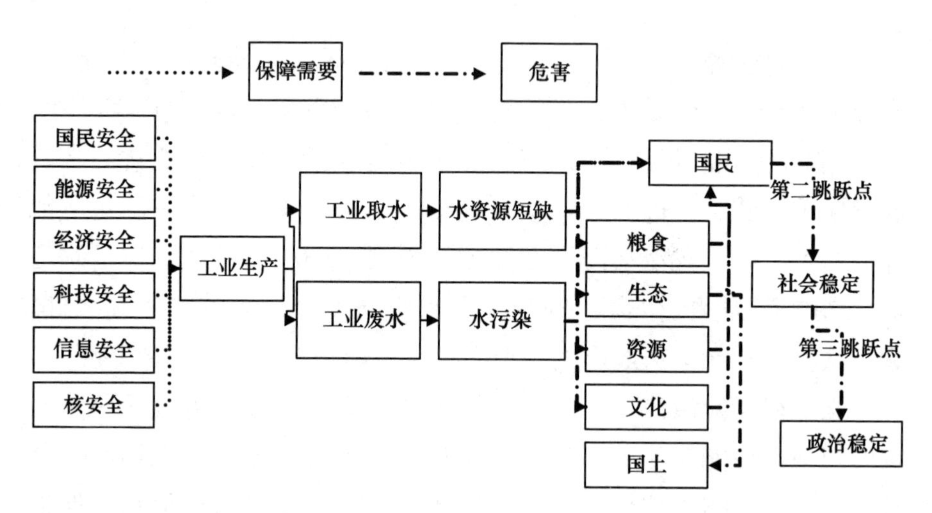

图3—8　水资源作用于经济安全（以工业生产为例）的机制

资料来源：笔者绘制。

非工程措施进行保障，如通过水库调节等。二是水危机对宏观经济生产力布局稳定性的影响。水资源和水环境的禀赋变化造成承载力的下降，区域难以承载原有的生产能力和人口分布，人口和生产力势必向其他区域调整。因为经济的比较优势，这使调整难以有效展开，经济系统的稳定性受到损害。三是对经济系统更新升级稳定性的影响。越是发达的经济体，其单位产值用水量越少，单位产值废水排放量也越少。但是就用水总量和废水排放总量而言，一般是呈现倒“U”形的曲线，也就是库兹涅兹曲线。从时间维度来看，当经济发展带动产业升级到一定阶段时，用水总量和废水排放总量会达到顶点，然后通过产业进一步升级，使得两个总量下降。但是这个拐点对于有些国家和地区来说，则是在水资源和水环境承载力之外的，由于无法达到这个拐点，产业被禁锢，经济系统更新升级受到阻碍。

第三，水危机对整体经济福利的影响分为两个方面。一是对生产的影响。根据经济运行的用水机制来看，生产过程中需要利用水资源，同时向自然水体排放废水。水危机造成资源利用难以为继，对生产的影响不言而喻。二是对消费的影响。水危机造成水产品、水服务以及下游产品和服务的缺失，包括生态产品和服务的缺失，进而造成消费总量的降低。消费、投资和出口是经济增长的“三驾马车”，水危机对消费产生影响，进而对整体经济福利产生严重影响。

五　水危机危害生态安全的机制

水危机危害生态安全的机制是显而易见的。首先，水危机是生态危机的一个方面，水危机本身是生态系统的一个对立面。中国在界定生态系统的内容时，就将水安全作为生态系统的一个重要内容。也就是说，当水危机发生时，生态系统就一定受到危害。其次，水是生命之源。水资源是生命赖以生存的必要条件。当水危机发生时，对生物多样性造成危害，肯定就对生态系统造成危害。最后，水是生态之基，水是其他生态要素的基础，水资源短缺造成土壤贫瘠，在宏观上就造成生态退化。从以上分析来看，水危机对生态安全的危害机制是直接的、深刻的。

六　区域性水危机危害国家安全全局的机制

对于一个国家来说，基于其内部各个区域的禀赋特征，一般会由某个区域重点承担保障某种国家安全的任务，其他区域配合。例如，重点承担保障能源产业发展的区域大多是能源生产条件较为优秀的地区；重点承担保障粮食生产任务的一般也是粮食生产条件较好的地区。除了能源安全和粮食安全以外，水安全涉及的还有生态安全、经济安全、国民安全等直接与水危机有关的重点区域。这些重点区域的水危机不仅关系着区域的保障任务，也会危害国家安全的全局。

第三节　水资源与国家安全的双向影响机制

一　国家安全需求对水资源系统的影响

国家安全是人类活动的一部分，国家安全对水资源有着多层次、多方面的影响。为了保障国家安全，一系列相应政策措施的施行都会对水资源造成一定的影响，其中有些是水资源演变的决定性因素。

经济安全是国家宏观发展战略的重要环节。在国家布局生产力时，水资源禀赋是需要考虑的重要因素，经济发展对水资源、水环境、水生态产生了深刻而广泛的影响。此外，基于国民安全的考虑，人口的分布使水资源系统产生了根本性改变；基于国土安全考虑，土地的规划利用和分布对水资源系统产生了重大影响；基于生态系统的考虑，主体功能区的规划和分布对水资源系统产生了重大影响。

协同安全涉及人类社会的方方面面，其对水资源系统的影响是非常重大和深刻的。水资源系统与协同安全系统相互作用、相互影响，因此，研究水资源管理制度体系，不但要将协同安全作为落脚点，而且要将其作为出发点。

二　水资源与国家安全的相互作用机制

水资源系统与国家安全系统的相互作用机制如图 3—9 所示。从中可以看出，协同安全的实现需要水资源系统的保障，社会水循环系统的取、用、耗、排等可能会造成水资源短缺、水质污染等问题，即为风险形成机制，水危机和水风险在一定的内外环境下继续传导，威胁协同安全的子系统，一部分威胁传统的协同安全，另一部分通过“第一跳跃点”威胁国民安全，经过“第二跳跃点”形成社会危机，威胁社会稳定，再经过酝酿发酵以及一定的外部刺激，经过

"第三跳跃点"，威胁政治稳定，从而形成闭合的作用机制。这三次跳跃对应着协同安全的三个层次。

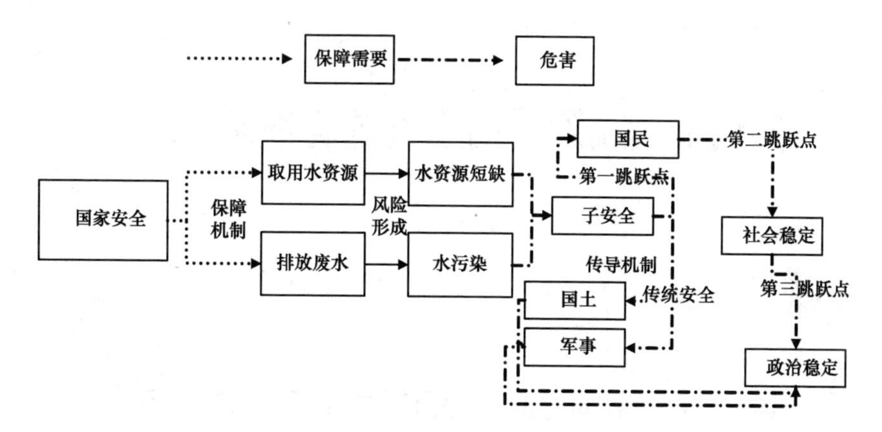

图3—9　水资源系统与协同安全系统的相互作用机制

资料来源：笔者绘制。

第四章

协同安全视野下的水资源管理制度现状

第一节　中国总体水资源管理制度体系梳理

一　基本水资源管理制度体系

水资源管理制度是指水资源管理的规则，水资源管理制度体系是指一系列成体系的水资源管理的规则，例如，水权制度、水价制度等互相作用配合形成体系。

水资源管理的主体是实施水资源管理的机构和个人。水资源管理的客体是水资源系统以及相关的机构和个人等。水资源管理发生在人（社会）与水以及因水资源导致的人（机构）与人（机构）之间的关系中。在天然的条件下，水的运动规律由自然条件决定。而在整个系统中，人（社会）与水资源的关系发生在取水、排水过程中，可以分别看作是水的资源管理和环境管理。在人工水循环系统内部，则是水的服务管制和需求管理等内容。因此，从流程来看，水资源管理制度体系包括三个方面：水的资源管理制度体系、水的环境管理制度体系和水的服务管理制度体系。

国内水资源管理的具体内容包括以下方面：水资源勘测与评价管理，水资源权属管理，用水计划管理，水资源配置与调度管理，水资源战略与规划管理，水资源工程管理，水资源保护管理，节水管理，水资源需求管理，水资源资产管理，水资源价格管理，水资源成本管理，水资源科技、人才和信息管理，水资源风险管理等。其中，水资源科技、人才和信息管理因其特殊性，这里不做探讨。

水资源管理制度体系从人工水循环过程来看，可以分为三个方面，即取水过程中的资源管理、排水过程中的环境管理以及供水、用水过程中的系统内管理（如图4—1所示）。中国实施的最严格水资源管理制度的核心内容是“三条红线”，即取水总量控制管理制度、排污总量控制制度和用水效率管理制度，分别对应水资源管理制度体系的资源管理、环境管理和系统内管理。除了水行政主管部门的管理以外，水资源管理制度体系还涉及环境主管部门和建设主管部门等其他主管部门的管理。

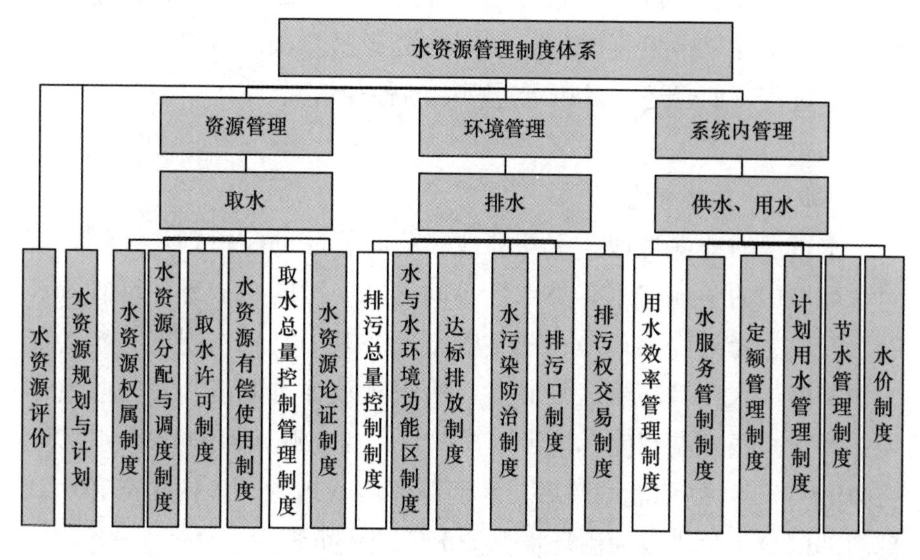

图4—1　水资源管理制度体系

资料来源：笔者绘制。

（一）水的资源管理

资源管理发生在取水过程，使得自然界的水资源进入人类社会系统中。在取水之前，水资源更多的是一种公共资源；在取水之后，取得的水资源具有一定的排他性。在取水过程中，需要对水资源进行管理，以有效防止出现类似公地悲剧的情况。在水资源管理中，取水许可制度和水资源有偿使用制度是微观层面上最基本的制度。此外，2016 年水利部出台的水权交易制度和之前出台的水权转让制度也有在微观层面上基本制度的内涵。建设项目水资源论证制度也是在微观层面上对用水单位和个人取水行为进行管理的制度。在宏观上，取水总量控制制度是确定区域取水总量的制度，各区域的总量控制从上到下一级一级地分解。水资源的权属制度，特别是最近出台的水权交易制度在宏观层面上允许区域之间进行水权交易，这也是宏观层面上引入市场机制的措施。水量分配方案和调度预案制度是中国水法规定的管理制度。其中，一般水情年的水量分配方案由区域、流域水资源规划确定，也有河流由水量分配条例制定。水量调度是指在旱情发生时的一系列水资源紧急调度方案，其不仅管理取水过程，而且还涉及用水过程中的各种情况。

（二）水的环境管理

水资源的环境管理基于外部性和公共物品的相关理论，用以应对水环境中的公地悲剧和外部性等问题。中国的水资源环境管理涉及水行政主管部门和环境行政主管部门。其中，基本制度有水功能区划制度、水环境功能区划制度、污水排放许可制度、排污收费制度、排污总量控制制度、排污口管理制度和水源地保护管理制度等。在 2018 年 3 月的职能调整后，水资源环境管理由环境保护部和水利部两部门分工负责改为由环境保护部门统一负责。

（三）水的系统内管理

系统内管理制度就是取水后，在人类系统内部利用水资源的一系列管理措施。通过一定措施取水之后，有些是通过供水工程向各个用户进行供水，有些则是取水后直接使用。在供水、用水过程中，有水服务管制制度、定额管理制度、水价制度、用水效率管理制度、节水管理制度和计划用水管理制度。其中水服务管制制度是指具有自然垄断的供水服务的管制，一般有进入管制、价格管制、结构管制等。用水定额是指生活生产过程中用水多少的数量标准，在管理实践中，由相应的技术标准来确定。在取水许可管理中，一般将用水定额作为取水的依据。水价制度是经济调节的基本实现形式，与水资源有偿使用制度有一定的不同，后者是针对资源自身的有偿使用。节水管理制度在各地有一定的技术标准和管理措施。用水效率管理制度是最严格水资源管理制度“三条红线”之一，可以作为节水管理宏观层面对应的管理制度。

水资源评价是确定区域（流域）水资源的数量和质量等，是区域（流域）水资源管理的基本依据。水资源规划是中国水法规定的具有法律效力的规划，其分为流域规划和区域规划。水资源规划的基本内容是在水资源评价的基础上，分析供用水现状；预测规划期不同水平年的国民经济和社会发展的需水要求；重点提出新建、改建供水水源工程项目，并对各规划期不同水平年的可供水能力建设和可供水量提出科学合理的预测，分析可行性等；深入探讨国民经济、社会发展与环境、资源和生态保护之间的关系；对可能产生的污染物的迁移、扩散进行分析，制定污染物区域总量控制方案和治理措施等。中国于 1980 年、2000 年和 2010 年编制了《全国水资源综合规划》，包括水资源评价、水资源开发利用现状评价、需求预测、节水规划、保护与污水再利用规划、开发利用潜力与供水预测、合理配置、开发利用布局、可持续利用保障措施以及信息系统建设等 11 个方面。2016 年，环保部发布了将规划与环评、主体功能区等规划相结合的制度，提出各类规划要考虑环境、生态的要求。

二 水资源管理体制

（一）水资源管理体制

新中国成立以来，中国水资源管理分散，没有形成科学的管理体系。改革开放以来，随着经济社会的发展，水资源问题逐渐突出，水资源短缺、水污染等问题迫切需要水资源管理制度的创新。1984年，国家决定由水利电力部作为全国水资源管理部门，归口管理全国水资源的统一规划、立法、科研和水资源的调配工作，管理所有水资源的产权，并负责协调各用水部门的矛盾，处理水事纠纷等。在立法层面上，1988年《中华人民共和国水法》（以下简称《水法》）的制定，标志着中国水资源管理制度进入更为规范的时代。

《水法》是中国水资源管理制度体系的根本依据，中国于1988年颁布并实施了《水法》，并于2002年和2016年进行了修订。每次的修订都进一步完善了中国水资源管理制度体系，其中2002年的修订程度较大，在以下两个方面有较大的转变。

第一，水资源权属管理的转变。2002年《水法》将水资源的权属规定为“水资源属于国家所有，水资源的所有权由国务院代表国家行使。农村集体经济组织的水塘或由农村集体经济组织修建管理的水库中的水，归各农村集体经济组织使用”。

第二，水资源管理体制的转变。1988年《水法》规定，“国家对水资源实行统一管理与分级、分部门管理相结合的制度。国务院水行政主管部门负责全国水资源的统一管理工作。国务院其他有关部门按照国务院规定的职责分工，协同国务院水行政主管部门，负责有关水资源的管理工作。县级以上地方人民政府水行政主管部门和其他有关部门，按照同级人民政府规定的职责分工，负责有关水资源管理工作”。

2002年《水法》对此进行了修改，确定了水资源管理实行流域管理与行政区域管理相结合的体制。“国务院水行政主管部门负责全国的水资源管理体制和监督工作。在国家确定的重要河流、湖泊设立流域管理机构，在所管辖的范围内行使法律、行政法规规定的国务院水行政主管部门授权的水资源管理和监督职责。县级以上地方人民政府的水行政主管部门按照规定的权限，负责区域内水资源统一管理和监督管理。”“国务院有关部门按照职责分工，负责水资源开发、利用、节约和保护的相关工作。县级以上人民政府有关部门按照职责分工，负责本行政区内水资源开发、利用、节约和保护的相关工作。”此次修订从体制层面上将水资源统一管理与水资源开发、利用、节约与保护分离。

1. 中央和地方关系方面

中国水资源管理体制的基本特点是区域管理（Administrative Region Management）与流域管理（River Basin Management）相结合、水资源的统一管理与分权管理相结合。这种水资源管理体制与中国改革开放以来中央与地方、地方之间、部门之间的关系演进有很大关系。改革开放以来，原来由中央统一调控的高度集中的调控方式转变为地方分权的调控方式，在这种方式转变过程中，出现了纵向和横向的失衡。纵向调控一体化失衡是指应归中央调控的总体行为和地方行为未受制于中央调控，导致中央设定的目标无法达成；横向调控一体化失衡是中央调控无法有效控制地方主体行为，各地方有余地和空间各自为政（王沪宁，1991）。

中国水资源管理体制在这种失衡的背景下进行调整，国务院水行政主管部门与地方水行政主管部门是指导和监督的关系，将一些具体事务根据权限下放到地方，中央更注重于宏观政策制定，地方注重于政策实施。在处理地方之间、中央与地方的关系时，国务院水行政主管部门向各个流域派驻流域机构，并授予相应的权限。这样，一是实现了按照流域统一管理，使得管理符合水资源情况；二是将一定的权限交由中央负责，实现中央在重要区域和流域水资源上的统筹管理；三是协调了地方政府之间水资源管理矛盾，以避免造成公地悲剧现象；四是释放了地方政府在水资源管理中的积极性，并且允许地方之间的差异性。

2. 区域管理方面①

中国是单一制国家，中央与地方的关系不是单纯的地方隶属中

① 一般指行政区域管理。

央的关系，中央与地方的关系呈现一定的协同性（王沪宁，1991）。在水资源管理体制中，国家水行政主管部门和地方水行政主管部门既有分工和协同，也有监督和指导。在分工上，中央更侧重于宏观的政策制定，地方更侧重于政策的实施；在事务上，中央更侧重于监督和指导，地方更侧重于当地管理实践；在行政许可权限上，中央把握宏观的事务，地方按照权限大小依次分工。此外，各地水资源的区域管理呈现差异性的特征。一方面，水资源管理的法规和规章出台以后，各地会根据当地的实际情况制定相应的实施办法或者细则；另一方面，各地在区域管理中会根据当地水资源特点或者经济社会特点制定符合自身水资源管理实际的地方法规和规范性文件等。

3. 流域管理方面

流域管理是按照流域对水资源进行管理。2002 年《水法》规定了流域管理的基本框架和流域管理机构的职能。其包括流域机构的设置和管理权限、流域规划及其地位、水工程建设项目的行政许可、水资源开发利用规划和调度、水资源保护、水功能区制定、排污口设置、水工程管理、紧急调度、跨界河流、水量分配和调度计划、取水许可和水资源有偿使用等管理的内容。基本上，流域管理与区域管理在管理内容上有很大相似性，只是在管理范围和管理权限上有一定的分工。流域机构是国务院水行政主管部门的派出机构，其管理范围和管理权限由国务院水行政主管部门给予授权，体现中央层面水资源管理意志。

（二）水环境管理体制

中国水环境管理是在 20 世纪 70 年代才开始受到重视，在此之前国家通过“令”的方式规定企业处理好废气、废水、废渣。1972 年，中国派出代表参加斯德哥尔摩环境大会。由于中国水环境保护工作具有一定的独特性，中国的水环境管理体制也随着国家发展和机构改革不断发生变化。

中国水环境管理起步于流域管理机构。改革开放之初，水利部门的流域机构相继恢复，流域机构内设置水资源保护机构。1983年，环境保护被确定为中国的一项基本国策，水利电力部和城乡建设环境保护部联合下发了《关于对流域水资源保护机构实施双重领导的决定》。次年，国务院环境保护委员会成立，统一协调全国环境保护工作；环境保护局成立，由城乡建设环境保护部管理。同年，《中华人民共和国水污染防治法》（以下简称《水污染防治法》）颁布实施（1996年、2008年、2017年修改），确定了江河、湖泊、运河、渠道、水库等地表水和地下水污染防治的范围。

流域水资源保护机构受双重领导，但行政关系保留在水利部门。此后，环境保护局升格为国务院直属局（环境保护总局），为副部级机构，同时国务院环境保护委员会取消，流域水资源保护机构的双重领导体制已不存在。为了加强环境保护管理，环境保护总局于2006年设立了5个环境保护督查中心为其派出机构，负责监督辖区内地方政府对环保政策、法规和标准的执行、执法情况，协调跨界污染纠纷，查办重大环境污染、生态破坏事件。

2008年，在国务院机构改革中，国家环境保护总局升格为国家环境保护部，成为国务院组成部门，将水污染物排放许可证相关职责交由地方环境保护行政主管部门。2018年国务院机构改革，新组建了生态环境部，将水利部的编制水功能区划、排污口设置管理、流域水环境保护职责、国土资源部监督防止地下水污染职责以及国务院南水北调工程建设委员会办公室项目工程区环境保护职责纳入，形成了水环境统一管理体制。

1. 水环境管理的部门分工

根据《水污染防治法》规定，“县级以上人民政府环境保护主管部门对水污染防治实施统一监督管理。交通主管部门的海事管理机构对船舶污染水域的防治实施监督管理。县级以上人民政府水行政、国土资源、卫生、建设、农业、渔业等部门以及重要江河、湖泊的流域水资源保护机构，在各自的职责范围内，对有关水污染防治实施监督管理。”由此可见，中国水环境保护形成了各级环境保护部门行使统一监督管理职责，各部门协调参与的管理体制，即环保部门牵头、多部门参与的水环境管理格局。

2018 年以前，环保部门与水利部门在水环境管理上有一定的分工。环保部门作为水环境保护的主管部门，负责组织实施水污染防治；水利部门是水环境管理重要的协同管理部门。环保部负责拟定国家环境保护方针、政策和法规，制定行政规章，拟定国家环境保护规划和环境功能区划；对国家确定的重点区域、重点流域开展污染防治规划和生态保护规划；对重大经济和技术政策、发展规划及重大经济开发计划进行环境影响评价；另外，还负责指导和协调解决各地方、各部门以及跨地区、跨流域的重大环境问题，协调省际环境污染纠纷；调查处理重大环境污染事故和生态破坏事件；定期发布重点城市和流域环境质量状况等。水利部涉及水环境的工作为拟定水资源保护规划；监督江河湖库的水量、水质；审定水域纳污能力，组织水功能区的划分和向饮水区等水域的排污控制；提出限制排污总量的意见；协调并仲裁各部门之间和各省份之间水事纠纷。

当时，除了这两个部门以外，农业部、住建部、林业局也参与负责相关事务，如农业部负责农业面源污染控制，保护河流水环境，维护鱼类和野生水生生物栖息环境；住建部负责城市供水、排水与污染水处理等工程规划、建设与管理，以及城市和工业的节水工程；林业局负责流域生态保护、水源涵养林管理以及湿地的保护和管理。

2. 流域水环境管理体制

流域水环境管理体制是中国水环境管理体制的一个组成部分。《水污染防治法》规定，防治水污染按照流域或者区域进行统一规划。流域的水污染防治规划由相应级别的环境行政主管部门会同水行政主管部门和下级人民政府负责制定。这种流域管理克服了行政管理的跨界问题。2018 年以后，流域机构的水资源保护职责划归生态环境部。

3. 城市水环境管理体制

在城市水环境管理体制中，实行的是行政首长负责制。各城市的环境保护部门具体负责水环境功能区的划分、排污许可证发放、饮水水源地保护和污染源监督管理等。在实际工作中，城市水环境管理还负责郊区和所辖农村的水环境管理工作。此外，随着水务一体化工作的推进，污水处理等城市涉水管理工作已下放到各城市政府。

在2016年环保部机构改革中，设立了水环境司统一对水的环境管理负责。并且环保部对各省环保厅进行垂直管理，使省级地方环保部门在执法中避免受到当地领导的干预和影响，实现了在区域层面上环保部门的统一主管。但是，由于流域的水环境管理机制没有捋顺，在流域层面上水环境统一主管受到挑战。2018年环保部改组为生态环境部，水环境管理职能统一到生态环境部。

（三）水资源的系统内管理

中国水资源的系统内管理是在取水之后、排水之前，在人类经济社会系统内部运行过程中对水资源的管理。系统内管理的主要目的是提高用水效率，减少污染物排放。其中，水服务管制主要是规范供水企业或者机构；定额管理是对各行业的用水进行定额管理；计划用水是根据国家或地区的水资源条件和经济社会发展的用水需求等情况，科学合理地制定用水计划，并按照用水计划开发利用水资源；水价制度是利用市场手段推进水资源节约；节约用水制度是利用综合手段推进水资源节约。

三　中国水资源管理具体制度设计

（一）水的资源管理制度

1. 最严格水资源管理制度

2011年，《中共中央 国务院关于加快水利改革发展的决定》提出实施最严格水资源管理制度。最严格水资源管理制度包括四个方面，即“三条红线”和一个考核制度，分别是用水总量控制红线、纳污能力总量控制红线、用水效率控制红线以及考核制度。2012年，《国务院关于实行最严格水资源管理制度的意见》确定了最严格水资源管理制度的实施。2013 年，国务院下发了《实行最严格水资源管理制度考核办法》，确定了考核的主体和责任，随文件下发的是省级“三条红线”的具体控制目标。实质而言，对各省份负责人实行按照相应目标进行考核，将过程管理转变为结果管理。

2. 水资源权属制度

目前中国水资源管理的最基本制度是水权制度，《宪法》规定中国水流等自然资源属于国家所有，《水法》规定水资源（地表水和地下水）属于国家所有。这种权属制度与其他自然资源基本类似。这种权属制度确定了水资源的行政配置的基本特点，进而确定了中国水资源管理制度体系的特征。2005 年，水利部出台了《关于水权转让的若干意见》，随后水权转让试点在一些省份展开。2014 年，水利部出台了《关于内蒙古宁夏黄河干流水权转换试点工作的指导意见》。2015 年，《生态文明体制改革意见》出台。2016 年，水利部出台了《水权交易的若干管理暂行办法》。

3. 取水许可制度

取水许可制度是中国水资源管理制度中比较早使用的基本制度之一。在经济学领域，许可是进入限制的具体措施。在已有的研究中，取水许可作为水资源权属的一种形式，以使用权体现，被认为是将水资源作为不动产实施登记交付制度的一种形式。取水许可是行政许可的一种，这种行政许可是防止可能出现“公地悲剧”的风险，对数量有限的自然资源或社会资源的开发利用采用行政许可的方式，是世界大多数国家的通行做法。

《水法》第48 条规定：“除家庭生活和零星散养、圈养畜禽饮用等少量取水的情况之外，直接从江河、湖泊或者地下取用水资源的单位和个人，应当按照国家取水许可制度和水资源有偿使用制度的规定，向水行政主管部门或者流域管理机构申请领取取水许可证，取得取水权，并缴纳水资源费。”1993 年，国务院发布实施了《取水许可制度实施办法》，之后，水利部相继出台了一系列取水许可的相关规定和通知，并授予流域委员会在跨省界河流的取水许可管理权限，各省也出台了取水许可实施细则。2006 年，国务院出台了《取水许可和水资源费征收管理条例》，《取水许可制度实施办法》废止。2008 年，水利部出台《取水许可管理办法》，原有的水利部出台的相关管理办法和规定废止。2016 年，《水权交易管理暂行办法》规定了可交易的取水许可。

4. 有偿使用制度

取水许可和有偿使用制度是《水法》规定的两个基本水资源管理和使用制度。和取水许可制度一样，农村集体经济组织及其成员使用本集体经济组织的水塘、水库中的水不在有偿使用范围内。

由于水资源的公共资源特性，开发利用者通过取水许可，获得取水权，从水资源的所有者处获得水资源的使用权益和收益，因此，资源的开发利用者应向所有者支付补偿。中国的水资源有偿使用通过征收水资源费或者征缴水资源税等实现。

在 1988 年《水法》颁布实施以前，中国北方几个缺水的省份实施了取用水资源收费的制度。资源开发费和地下水开采费等是较早的实施形式（河北省 1981 年实施）。1982 年，山西省实施了征收水资源费的制度，1987 年天津市实施相应制度。1988 年《水法》实施以来，几乎各省都发布了水资源费的征收和实施办法。2006 年，国务院出台了《取水许可和水资源费征收管理条例》，进一步规范了水资源费。2008 年，财政部、发改委、水利部联合发布了《水资源费征收使用管理办法》。2015 年，在河北省试点水资源税制度；2017 年年底，扩大到其他 9 个省份。

5. 水资源规划和计划制度

《水法》要求水资源开发、利用、节约、保护应当全面规划、统筹兼顾、标本兼治、综合利用、讲求效益。《水法》强调了水资源规划的重要性及其法律地位。水资源规划分为四个层次：第一是全国水资源战略规划，重要江河、湖泊流域综合规划和区域综合规划；第二是跨省份江河、湖泊流域综合规划和区域规划；第三是其他江河、湖泊的流域综合规划，区域综合规划；第四是专业规划。水资源规划一经批准，必须严格执行。水资源规划实行同意书制度。

除水资源规划外，《水法》还规定全国和跨省的水中长期供求计划由国务院水行政主管部门会同有关部门制订，经国务院发展计划主管部门审批后执行。地方水中长期供求计划经本级人民政府发展计划主管部门批准后执行。

6. 建设项目水资源论证制度

《水法》规定国民经济和社会发展规划以及城市总体规划的编制、重大建设项目的布局，应与当地水资源条件和防洪需要相结合，并进行科学论证，即开展规划与项目水资源论证；在水资源不足地区，根据论证结果，应当对城市发展规模和耗水量大的工业、农业和服务业的项目加以限制。2002 年，水利部和国家计委发布《建设项目水资源论证管理办法》，要求进行水资源论证，并编制水资源论证报告书。2003 年，水利部发布《水文水资源调查评价资质和建设项目水资源论证资质管理办法》，对水资源论证的资质进行规划管理。

7. 水量分配和调度预案制度

水量分配首先应对水资源可利用总量或者可分配的水量进行科学评价，然后通过合理配置向分水行政区域进行逐级分配，并同时确定行政区域生活、生产可消耗的水量份额或者取用水水量份额。2008 年，水利部根据《水法》制定《水量分配暂行办法》。此外，还对紧急情况以及特殊流域进行水量统一调度。2000 年，水利部制定《黑河干流水量调度管理暂行办法》，2009 年制定《黑河干流水量调度管理办法》（前者同时被废止）；2007 年，水利部制定《黄河水量调度条例实施细则（试行）》等。

（二）水的环境管理制度

1. 水（环境）功能区划制度

根据《水功能区管理办法》，水功能区是指为满足水资源合理开发和有效保护的需求，根据水资源的自然条件、功能要求和开发利用现状，按照流域综合规划、水资源保护规划和经济社会发展要求，在相应水域按其主导功能划定并执行相应质量标准的特定区域。目前，中国水功能区分为水功能一级区和水功能二级区。水功能一级区分为保护区、缓冲区、开发利用区和保留区四类。其中开发利用区又划分为饮用水源区、工业用水区、农业用水区、渔业用水区、景观娱乐用水区、过渡区和排污控制区七类。2003 年，水利部制定了《水功能区管理办法》和《水功能区划分技术导则》；2017 年，水利部制定了《水功能区监督管理办法》；2018 年，机构改革后，水功能区划职能划归生态环境部。

水环境功能区划是依照《水污染防治法》和《地表水环境质量标准》，根据综合水域环境纳污能力、社会经济发展排污需要以及区域污染物排放总量控制的要求划定的水域分类管理功能区。为了贯彻《水污染防治法》，加强水污染防治的统一监督管理，履行国务院赋予环保部的职责，环保部统一规范各省市水环境功能区划，并在此基础上编制完成全国水环境功能区划。水环境功能区的划定进一步促进了水环境分级管理工作，有利于实施环境管理目标责任制。水功能区科学地确定水污染物排放总量控制，是正确实施地表水环境质量标准管理，进行河流湖泊水域水环境评价的基础。

2. 饮用水水源保护区制度

1989 年，国家环保局、卫生部、建设部、水利部、地矿部联合下发了《饮用水水源保护区污染防治管理规定》，按级设置保护区，分为一级保护区和二级保护区，并明确规定相关的水质标准；水源区分为地表水源区和地下水源区。

3. 排污许可制度

1984 年颁布的《水污染防治法》第 14 条规定，“直接或间接向水体排放污染物的企业事业单位，应当按照国务院环境保护部门的规定，向所在地的环境保护部门申报登记拥有的污染物排放设施、处理设施和在正常作业条件下排放污染物的种类、数量和浓度，并提供防治水污染方面的有关资料。”1989 年召开的第三次全国环境保护会议，把“排放污染物许可证制度”确定为八项环境管理制度之一。1989 年 7 月经国务院批准的《水污染防治法细则》第 6 条规定，“企业事业单位向水体排放污染物的，必须向所在地环境保护部门提交《排污申报登记表》。调查核实后，对不超过国家和地方规定的污染物排放标准及国家规定的企业事业单位污染物排放总量指标的，发给排污许可证”。至此，水污染物排放许可证制度已经确立。2000 年颁布的《水污染防治法实施细则》第 10 条规定，“县级以上地方人民政府环境保护部门根据总量控制实施方案，审核本行政区域内向水体排污的单位的重点污染物排放量，对不超过排放总量控制指标的，发给排污许可证；对超过排放总量控制指标的，限期治理，限期治理期间，发给临时排污许可证”。《水污染防治法》2008 年修订后规定：直接或者间接向水体排放工业废水和医疗污水以及其他按照规定应当取得排污许可证方可排放的废水、污水的企业事业单位，应当取得排污许可证；城镇污水集中处理设施的运营单位，也应当取得排污许可证。排污许可的具体办法和实施步骤由国务院规定。禁止企业事业单位无排污许可证或者违反排污许可证的规定向水体排放前款规定的废水、污水。

4. 排污总量控制制度

《水污染防治法》规定：国家对重点水污染物排放实施总量控制制度。省、自治区、直辖市人民政府应当按照国务院的规定削减和控制本行政区域的重点水污染物排放总量，并将重点水污染物排放总量控制指标分解落实到市、县人民政府。市、县人民政府根据本行政区域重点水污染物排放总量控制指标的要求，将重点水污染物排放总量控制指标分解落实到排污单位。具体办法和实施步骤由国务院规定。省级人民政府可以根据本行政区域水环境质量状况和水污染防治工作的需要，确定本行政区域实施总量削减和控制的重点水污染物。对超过重点水污染物排放总量控制指标的地区，有关人民政府环境保护主管部门应当暂停审批新增重点水污染物排放总量的建设项目的环境影响评价文件。

5. 环境影响评价制度

《水污染防治法》规定：新建、改建、扩建直接或者间接向水体排放污染物的建设项目和其他水上设施，应当依法进行环境影响评价。建设单位在江河、湖泊新建、改建、扩建排污口的，应当取得水行政主管部门或者流域管理机构同意；涉及通航、渔业水域的，环境保护主管部门在审批环境影响评价文件时，应当征求交通、渔业主管部门的意见。建设项目的水污染防治设施，应当与主体工程同时设计、同时施工、同时投入使用。水污染防治设施应当经过环境保护主管部门验收，验收不合格的，该建设项目不得投入生产或者使用。

6. 入河排污口管理制度

入河排污口，包括直接排污口或者通过沟、渠、管道等设施向江河、湖泊排放污水的排污口。入河排污口应当合理设置位置，确定符合水功能区划、水资源保护规划和防洪规划对水资源利用，水环境保护及防洪的要求。2004 年，水利部制定《入河排污口监督管理办法》并于 2005 年 1 月 1 日起实施。此办法的实施进一步加强了入河排污口监督管理体制，有利于全面保护水资源环境，保障防洪和工程设施安全，促进水资源的可持续利用。

7. 排污收费制度

1979 年 9 月颁发的《环境保护法（试行）》规定，对超过国家规定标准排放污染物，按照排放污染物的数量和浓度，收取排污费。1982 年 2 月，在总结全国排污收费试点工作的基础上，发布了《征收排污费暂行办法》，对实行排污费收费的目的，排污费的征收、管理和使用做出了统一规定。1988 年 7 月，国务院颁发了《污染源治理专项基金有偿使用暂行办法》，确定了有偿使用排污权。进入 20 世纪 90 年代，国家颁发了新的污水超标收费标准，进一步统一了排污费征收标准。1996 年 5 月，修订后的《水污染防治法》第 15 条规定了排污费和超标准排污费的收取，“企业事业单位向水体排放污染物的，按照国家规定缴纳排污费；超过国家或者地方规定的污染物排放标准的，按照国家规定缴纳超标准排污费”。此外，规定了这两项费用必须用于污染的防治。2003 年 1 月，国务院颁发了《排污费征收使用管理条例》，同时废除了《征收排污费暂行办法》和《污染源治理专项基金有偿使用暂行办法》。

（三）系统内管理制度

1. 节约用水管理制度

中国是水资源短缺国家，节约用水在经济社会发展中占有重要的位置。中国的节水制度包括落后工艺、设备和产品的淘汰制度，建设项目“三同时”制度和生活节水型器具强制推行制度。在具体的管理过程中，各地人民政府结合当地实际情况，出台了一系列相关的管理办法。2000 年，国务院出台了《关于加强城市供水节水和水污染防治工作的通知》；2012 年，制定了《国家农业节水纲要（2012—2020 年）》等文件。在部门分工上，水利部水资源司和发改委资环司都设置处室负责节水工作，其中水利部下属的节水处是全国节水工作办公室，指导全国节水工作；发改委下属的节水处主要是从机制进行节水工作，海水淡化等非常规水资源利用也是在该处室指导下进行的。2018 年，水利部设立全国节水办公室，指导全国节水工作。

2. 用水定额管理制度

用水定额管理制度是《水法》确定的水资源管理基本制度。规范用水定额编制、加强定额监督管理是各级水行政主管部门的重要职责，也是提高用水效率、促进产业结构调整的主要手段。2013 年水利部发布《关于严格用水定额管理的通知》，对各省水行政主管部门全面编制各行业用水定额、规范用水定额发布和修订以及加强用水定额监督管理提出了要求。根据该通知，建设项目水资源论证要由先进的用水定额管理决定，取水许可不得高于水资源论证报告书取水量，换发取水许可要用最新的用水定额，按照定额实施超定额累进加价制度（未实施超定额累进加价制度的地区，实施超计划累进加价），并将用水定额作为节水评价考核的重要依据。

四　中国水资源管理的基本特点及不足

（一）基本特点

1. 国家所有的分级代理形式

水资源属于国家所有，即全民所有，是水资源管理的基本特点。在这种权属制度下，水资源管理实质上形成了“分级代理人”制度，各代理人实际上是各级人民政府。这也决定了中国水资源管理的基本形式和基本流程。基本形式为区域管理和流域管理相结合，流域管理是国务院水行政主管派驻机构，代表着“一级代理人”的监督管理；区域管理是二级代理人，对区域进行统一管理。基本流程包括水资源调查评价、水资源规划与计划、水资源开发、水资源利用、水资源节约和水资源保护等。调查与评价是界定区域水资源的量、质、能、域等；水资源规划与计划是针对区域水资源情况，规划和计划流域和区域的水资源开发、利用、节约与保护等。

2. 统一管理与权力制约并存

中国将水资源管理的职能统一到水行政主管部门，基本实现水资源的统一管理，在管理的实践中也有一定的权力制约。这种权力的制约体现在以下两个方面。一是部门之间的权力制约。首先，水行政许可与其他行政许可之间有交叉。对于一个建设项目的上马，既要有水行政主管部门的取水许可，又要有环保部门的排水许可；

既要有水资源论证，又要有环境影响评价。其次，在水资源规划的编制过程中，要与环境影响评价、主体功能区规划结合。二是管理机制之间的权力制约。流域管理与区域管理之间既有权限分工，又有权力制约。流域管理主体是国务院水行政主管部门的派驻机构，区域管理的主体是地方政府。在设置权限时，既要避免对区域管理的过多、过细干预，又要避免区域之间无节制的用水导致“公地悲剧”。

中国水资源管理体制在部门之间形成了统一管理与分权管理相结合的机制。随着 1998 年、2003 年、2008 年和 2018 年的机构改革，水的资源管理和系统内管理由水行政主管部门负责，水的环境管理由生态环境主管部门负责，各部门职能界限更加清晰。

在实践中，水资源论证制度和环境评价制度也相互交叉。在用水管理体制中，部分职能下放到地方政府，部分职能进一步放权由市场进行调节。

此外，生态环境部出台的指导意见要求各规划都要进行环境影响评价，水利部门主导的调水工程在上马之前要经过环评论证；水电项目的上马也要经过环评论证。现有的体制形成了水资源的统一管理与分权管理相结合的局面，部门之间相互协调、相互制约。

3. 行政手段为主，其他机制为辅

由国务院发布的基本水资源管理制度中，取水许可制度、水资源有偿使用制度和最严格水资源管理制度等都是行政手段，这些制度相对较为成熟和完善。在水行政主管部门的规章和规范性文件中，一些具有市场机制的制度也开始试行，如水权交易制度、水价制度等，但这些制度的实施依旧由各级政府主导。

4. 开发、利用、节约、保护的流程管理

中国将水资源按照开发、利用、节约与保护的流程进行管理。《水法》的制定是为了合理开发、利用、节约和保护水资源，防治水害，实现水资源的可持续利用，适应国民经济和社会发展的需要。开发、利用、节约、保护水资源和防治水害，应当全面规划、统筹兼顾，发挥水资源的自然和社会功能，协调好生活、生产用水和环境用水。国务院有关部门按照职责分工，负责全国水资源开发、利用、节约和保护的有关工作。县级以上地方人民政府有关部门负责本行政区域内水资源开发、利用、节约和保护的有关工作。

5. 项目制

在中国水资源管理的实践中，项目制发挥了很大的作用。项目制实质是针对某一事项的管理上，上级水行政主管部门通过财权对下级水行政主管部门进行指导管理。在水资源管理制度“高位推行”中，上级水行政主管部门通过设定一定的项目，下级部门申请项目立项，上级部门再组织专家进行验收。项目制的实施在节水型社会建设、水生态文明建设等中相对比较常见。

（二）不足

1. 代理人问题突出

水资源的全民所有制度，必然导致代理人问题。代理人问题体现在两个方面。一是管理者代理关系松散。《水法》规定水资源属于全民所有，资源的所有权由国务院代为行使，各级水行政主管部门对区域水资源进行统一管理。县级以上人民政府水行政主管部门是区域水资源的管理者，在行政隶属关系上，是对应级别人民政府的组成部门且归其领导，而上级水行政主管部门对下级水行政主管部门是指导关系，这种指导关系相对较为松散。上级水行政主管部门的指导关系难以对其进行有效监管。这也是造成上级指导意见等难以在县级层面进行落实的关键所在。二是代理者普遍不是直接管理者。就所有权而言，各级人民政府是各级代理人。各级代理人不直接管理水资源，而是由其组成部门进行管理。当地政府将水资源问题放在经济社会发展的大盘子上进行通盘考虑，在地方晋升机制的驱动下，水资源难免会被牺牲来发展经济，而相应的水行政主管部门对此难以起到应有的作用。

2. 管理者短视行为

管理者的短视行为在代理人管理自然资源的制度中普遍存在。这种短视行为分为两个部分。一是所有权代理者，一般是当地行政负责人，有时为追求政绩，会牺牲水资源，追求短期经济利益。即使在针对水资源进行考核的情况下，也难免会追求短期利益的最大化。二是部分当地水资源实际管理者，会追求自身短期利益的最大化，为满足行政负责人尽可能多的要求而牺牲水资源等。这两种短视行为都不利于水资源的可持续管理。

3. 存在源头上的偏差

水资源评价与规划是水资源管理的根本依据，是区域水资源管理的源头所在。然而，在区域水资源规划与评价中，存在有意的或者无意的不准确评价的现象。一是评价机构的客观能力不足，不能准确把握区域水循环和水资源的客观规律。二是评价机构为了委托机构的某种目的，有意地高估或者低估区域水资源量，进而对开发、利用、节约和保护造成不良影响，使得进一步的管理出现十分严重的偏差。这种故意的错误评价和规划有两个拉力，一个拉力是对区域水资源量的高估，意味着更高的水资源和水环境承载力，意味着区域更多的经济发展权，上马更多的发展项目；另一个拉力是对区域水资源量的低估，意味着可能的从外流域调水的机会。对于地方来说，从外流域调水意味着更多的发展权，同样意味着更多的项目上马。

4. 层级推动—策略响应问题突出

水资源管理制度是中国公共政策的一个重要方面。中国公共政策制定的特点是中央制定、地方执行。由于中国特色的公共政策执行机制，呈现了“高位推行”“层级推动”的特点。中央目标大多是指导性的、整体性的；而地方政府则根据自身的偏好和行为能力的强弱呈现出更为明确的、具体的，具有本地特色的地方目标，由于政策目标在中央和各级地方呈现不同的特征，进而形成对政策有意的偏差解读和执行。在水资源管理实践中，由于权限的设置，本应该由省级政府审批的项目上马取水许可通过有意的项目分解，留在了地方进行。地方政府由于自身利益的考虑，会对项目进行符合自身利益的许可。

5. 管理中的孤岛现象普遍存在

中国水资源政策具有多个目标，如社会稳定、经济发展、生态良好等，这些目标涉及不同的职能部门，需要部门之间协调合作和积极配合，这种多目标格局就形成了众多参与者的复杂网络关系。中国水资源管理制度体系核心部门涉及水利部门、生态环境部门、城建部门、农业部门、自然资源部门、发展改革部门、财政部门等，近年来，最严格水资源管理制度又涉及若干管理部门。由于部门之间政策目标的差别和相互之间可能存在的不信任，一定程度上出现孤岛现象和合作困境。

6. 管理覆盖存在盲区

水资源管理体系覆盖上，存在一定的盲区，未实现全覆盖。例如，通过深井将污水压到地下含水层的排污方式并没有被覆盖在水资源管理的监管范围之内。在传统的水环境管理中，水利部门通过设置排污口，将污水排放到水体中；环保部门通过排污许可等方式规范排放主体的排放行为。但在监管中，这种排污方式没有通过排污口及排污许可，水利部门和环保部门难以监测。因此，个别地方政府更会选择性地对其监管。类似的行为还包括向沙漠地区排污等。

7. 部分地方政府执行过程中忽略全局考虑

由于存在层级推进、部门孤岛等现象，部分地方政府难以从全面整体的视角去推进和执行水资源管理制度。存在的“策略响应”使得制度制定到实际实施中存在较大的偏差。部分地方政府存在有意或者无意的选择性监管，使得水资源管理制度执行效果大打折扣。另外，还存在重行政管理、轻服务的问题。在中国，与国民安全直接相关的生活用水管理是水服务的内容。但在水服务的管理上，多是行政限制方面的内容，缺乏对水服务的管制。

第二节　协同安全下的水资源管理制度体系

一　协同安全下的水资源管理制度

（一）规划衔接制度

《水法》是中国水资源管理的根本法律，1988 年 1 月 21 日第六届全国人民代表大会常务委员会通过，分别于 2002 年、2009 年、2016 年进行修订。在修订过程中，虽然对水资源的产权基本属性进行了一定的修改，但是没有对水资源规划的基本内容进行修订。

水资源规划是水资源管理的根本，根据《水法》规定，规划一经批准，必须严格执行。在全国层面为全国水资源战略规划，在这个规划里水资源协同安全的内容有具体体现。下一个层级为流域规划和区域规划，其中区域规划服从所在的流域规划。国家确定的重要江河、湖泊的流域综合规划，由国务院水行政主管部门会同国务院有关部门和有关省、自治区、直辖市人民政府编制，报国务院批准。跨省、自治区、直辖市的其他江河、湖泊的流域综合规划和区域综合规划，由有关流域管理机构会同江河、湖泊所在地的省、自治区、直辖市人民政府水行政主管部门和有关部门编制，分别经有关省、自治区、直辖市人民政府审查并提出意见后，报国务院水行政主管部门审核；国务院水行政主管部门征求国务院有关部门意见后，报国务院或者其授权的部门批准。其他的江河、湖泊的流域综合规划和区域综合规划，由县级以上地方人民政府水行政主管部门会同同级有关部门和有关地方人民政府编制，报本级人民政府或者其授权的部门批准，并报上一级水行政主管部门备案。专业规划由县级以上人民政府有关部门编制，征求同级其他有关部门意见后，报本级人民政府批准。

综合规划是指根据经济社会发展需要和水资源开发利用现状编

制的开发、利用、节约、保护水资源和防治水害的总体部署。专业规划是指防洪、治涝、灌溉、航运、供水、水力发电、竹木流放、渔业、水资源保护、水土保持、防沙治沙、节约用水等规划。

流域综合规划和区域综合规划以及与土地利用关系密切的专业规划，应当与国民经济和社会发展规划以及土地利用总体规划、城市总体规划和环境保护规划相协调，兼顾各地区、各行业的需要。

具体的水资源规划体系如图4—2所示。可以看出，协同安全需要水资源保障的内容由各级政府确认经济社会发展实际需要后自上而下贯彻到各级水资源规划中，由各级综合规划贯彻到对应级别的专业规划中。各级流域和区域的水资源规划与国民经济和社会发展规划、土地利用总体规划、城市总体规划和环境保护规划相协调。这些规划间是协调关系，不是服从关系。

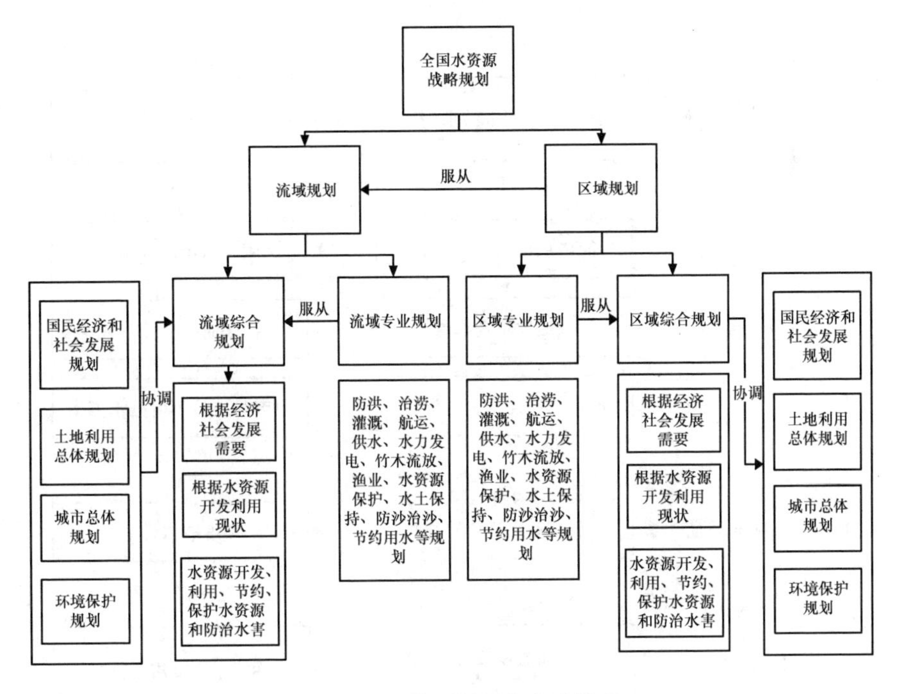

图4—2　水资源规划内容及关系

资料来源：笔者绘制。

在水资源的开发中，国民经济和社会发展规划以及城市总体规划、重大建设项目的布局要与当地水资源条件相适应，在水资源不足的地区，要对城市规模和建设耗水量大的工业、农业和服务业项目加以限制。由此可以看出，水资源条件在区域社会经济和发展规划中具有优先地位。

（二）层级水资源分配制度

水资源分配是由于经济社会发展的需要，改变自然水循环系统分配下的水资源时空分布，对水资源进行再分配的过程。由于中国水资源时空分布不均匀，水资源分配制度非常重要。中国是单一制国家，在水资源分配上形成了比较有特色的层级体系：一是流域/区域层面分配；二是取水户层面分配；三是公共用水系统层面分配，如图 4—3 所示。

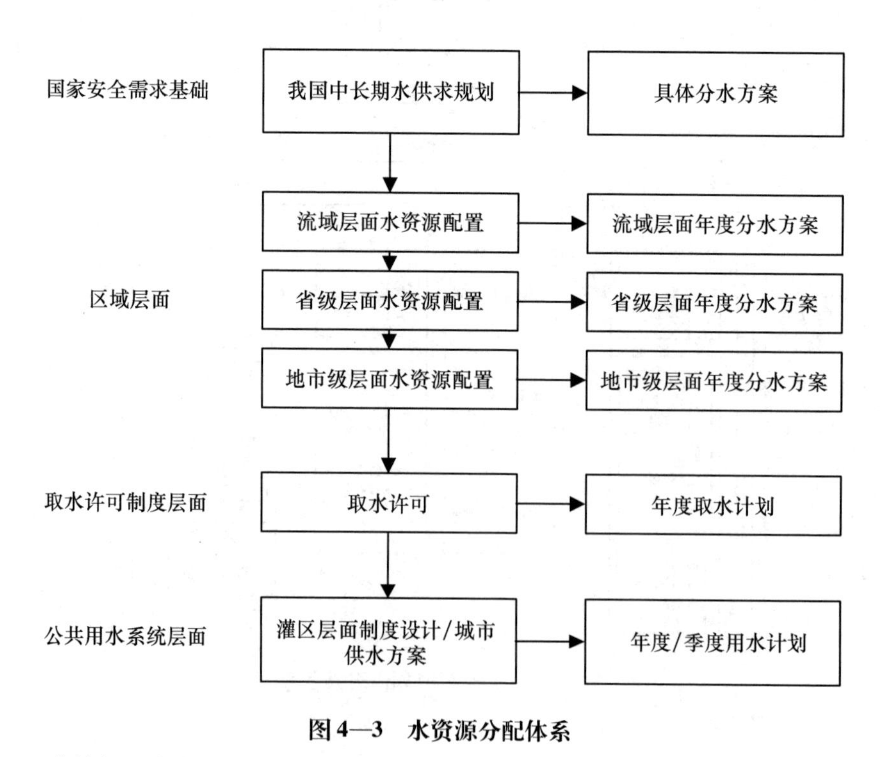

图 4—3　水资源分配体系

资料来源：笔者绘制。

中国水资源分配制度中，水资源计划和规划制度占有非常重要的地位。在2012年出台的最严格水资源管理制度中，用水红线制度可以看作该制度的“加强”版本。在水资源规划和计划管理制度中，中长期的水资源分配通过“水中长期供求规划”来实施。在全国层面是《全国水中长期供求规划》，在编制该规划时有技术大纲来规范编制；该类型规划一直会逐级规范到县级行政区（《水法》规定）。水量分配方案根据流域综合规划和水中长期供求规划编制。水量分配方案是为了调蓄径流和分配水量，并以流域为单元进行编制。跨省份的流域分配方案和旱情紧急情况下水量调度预案由流域委员会会同相关省份编制，并提交国务院水行政主管部门批准。

在短期则通过年度、季度水量分配方案和调度计划进行管理，年度/季度水量分配方案和调度计划根据批准实施的水量分配方案和年度预测来进行水量制定。年度用水计划制度根据用水定额、经济技术条件和水量分配方案确定的用水量确定用水计划。“三条红线”制度实施以来，区域用水计划一直作为区域用水红线实施的参考。

在用水户层面上，采用取水许可和有偿使用制度，各用水户根据水源、取水量的不同向具有不同权限的区域和流域水行政主管部门提出申请，各水行政主管部门根据区域年度用水计划对取水许可的取水位置、水量和持续时间进行详细规定，或者不准予。在用水户内部，如灌区和公共供水机构，有相应供水制度进行管理。

（三）重点保障与综合的保障的协调

在水资源开发利用过程中，城乡居民用水处于优先地位，农业、工业、生态环境用水以及其他需要处于兼顾的地位。在干旱和半干旱地区，生态环境用水处于“充分考虑”的地位。这些地区要求保障一定量的生态环境用水，并且优先于农业、工业以及其他需要。在跨流域调水区域，调出和调入流域的用水需要处于统筹保障的地位。

水资源开发利用的原则是兼顾上下游、左右岸和有关地区的利益，充分发挥水资源的综合效益。在水资源开发时，注意维持江河的合理流量和湖泊、水库以及地下水的合理水位，维护水体的自然净化能力。

可以看出，在协同安全方面，居民生活用水处于优先的地位，是受到重点保障的。在部分地区，关系到全局的用水处于较为优先地位，例如，干旱区的生态环境用水，跨流域调水调出区的生态和生活用水等。

在各用水部门之间，要求水资源的保障发挥最大的综合效益，各保障对象之间是兼顾关系，水资源开发与基本生态用水之间也是兼顾的关系。目前来看，社会经济的用水需求仍然处于较为优先的地位，对生态用水的要求是在开发的同时注意合理流量和地下水位以及自然净化能力。

二　保障饮用水的管理制度

中国饮用水安全层面的水资源管理制度保障可以分为两个方面，一方面是供水量的保障，另一方面是供水水质的保障。供水量的保障分为城镇供水安全和乡村供水安全，城镇供水安全分为饮水安全以及城市整体供水保障、城市群供水保障。具体的饮用水安全保障体系如图4—4所示。

从图4—4可以看出，供水量的保障是从水供求态势出发，分析未来一个时期城乡居民用水量，根据《全国城市饮用水安全保障规划》的要求提出饮用水安全保障的方案和措施。

在供水水质的保障方面，分为供水水质保障方案和饮用水水源地保护方案。首先，供水水质保障方案类似于提升水功能区水质的方案，在水功能区水质达标率评价的基础上，按照最严格水资源保护制度以及水环境污染规划的要求，提出综合整治措施，包括入河排污口整治、水工程调度、截污导流、环境引水、疏浚清淤、水生态修复等工程与非工程措施。入河排污口整治提出关闭、合并、调

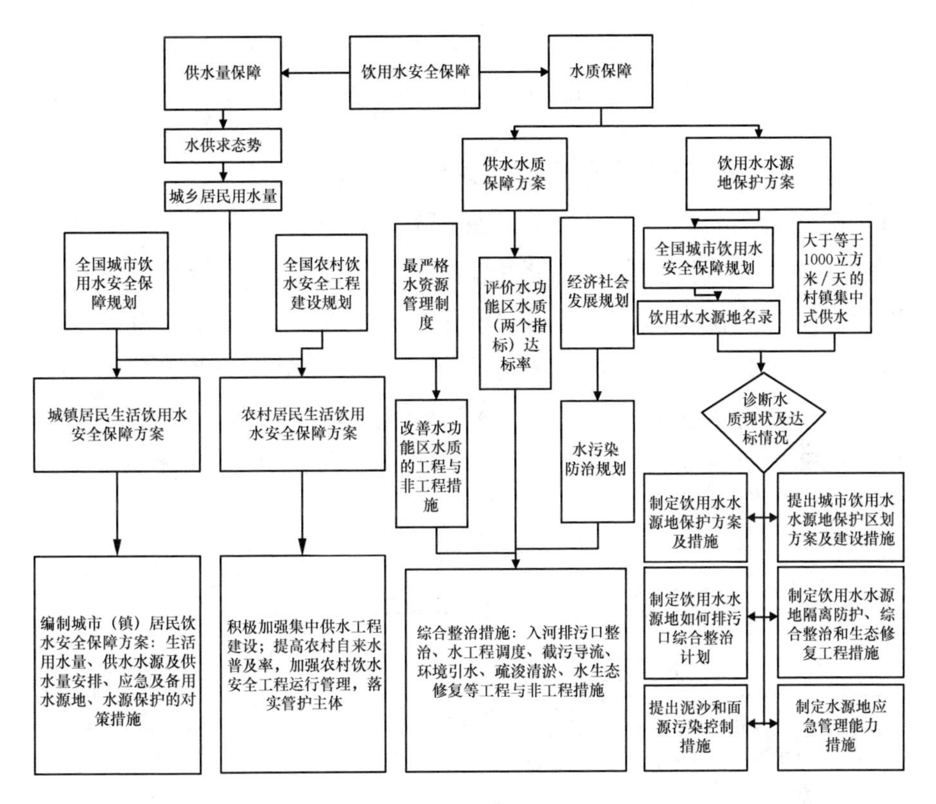

图 4—4　居民饮水保障体系

资料来源：笔者绘制。

整的方案。水工程调度主要适用于闸坝控制水体，提出控制性工程的调度方案。截污导流提出工程规模，截留污水量及导入水体的方案。环境引水提出引水水源、工程规模与环境引水量的方案，并分析其提高纳污能力的作用以及水质改善效果。疏浚清淤措施提出清淤量及实施方案。

其次，饮用水水源地保护方案基本涵盖了供水量在 1000 立方米/日以上的集中式供水区域；提出了城市饮用水水源地保护区划分方案与建设措施；制定了饮用水水源地入河排污口综合整治计划；制定了饮用水水源地隔离防护、综合整治和生态修复等工程措施；对于面源污染严重的水源地提出了泥沙和面源污染控制措施；制定了提高饮用水水源地水污染应急监测和管理能力的对策措施。

三 保障粮食安全的水资源管理制度

保障粮食安全是系统工程，关系到粮食生产的各个环节。水资源是粮食生产的主要投入要素，保障粮食生产必须依靠水资源的有效投入。中国制定了《国家粮食安全中长期规划纲要（2008—2020）》《全国新增1000亿斤粮食生产能力规划（2009—2020年）》《耕地保护和土地整理复垦开发规划》《水资源保护和开发利用规划》《农业及粮食科技发展规划》等十个重点专项规划。这些规划相互协调，具有明显的体系特征，确保了粮食安全，具体约束机制体系如图4—5所示。

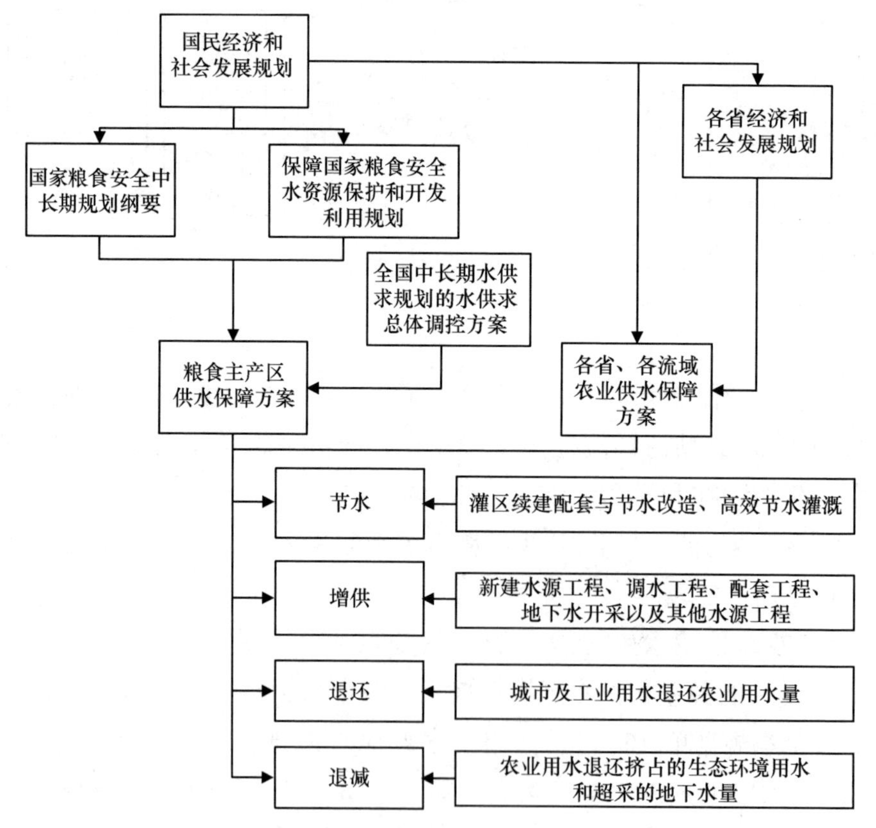

图4—5 水资源保障粮食安全的规划体系及方案

资料来源：笔者绘制。

农田水利基础设施是粮食生产过程中的硬件设施，国务院于2016年7月1日实施的《农田水利条例》是为促进农业综合生产能力、保障国家粮食生产而制定的条例。在具体的制度层面，该条例对规划、工程建设、工程运行维护、灌溉排水管理、保障与扶持以及法律责任等做出了明确的规定。此外，农田灌溉用水还要求合理确定水价，实行有偿使用和计量收费。对于灌区，灌区管理单位根据核定后的年度用水计划，制定灌区内用水计划和调度方案，与用水户签订协议。

由于农业用水占整个经济社会系统用水的绝大部分比例，从作物生长的原理来看，被根部吸收的水分只有10%能够发挥作用，而灌溉的水量能被根部有效吸收的又十分有限。因此，农业生产过程中的节水不仅能提升区域资源环境承载能力，还能在一定程度上增加粮食产量。因此，国家应鼓励推广应用喷灌、微灌等节水灌溉技术以及先进农机等农业技术，提高灌溉用水效率。

四　保障能源安全的水资源管理制度

国家能源安全在协同安全体系中占有非常重要的地位。能源产业发展的具体水资源保障制度体系如图4—6所示。

由此可见，从协同安全的全国宏观规划到能源产业发展的反映，再到水资源现在和未来的保障，甚至非工程的制度措施等，都有周密的制度安排。

能源基地建设是保障中国能源产业发展的重要措施。根据《全国主体功能区规划》《全国能源工业规划》《全国能源基地建设规划》确定的能源基地的范围，在水资源保障上要求明确规划范围，要求的基本规划单元是三级区套地市（水资源三级区套地市级行政区），其中跨省份的由流域机构会同相关省份编制，省份之内的由省级行政区编制。

制定能源基地供水水源配置方案与供水量时，要以用水总量和

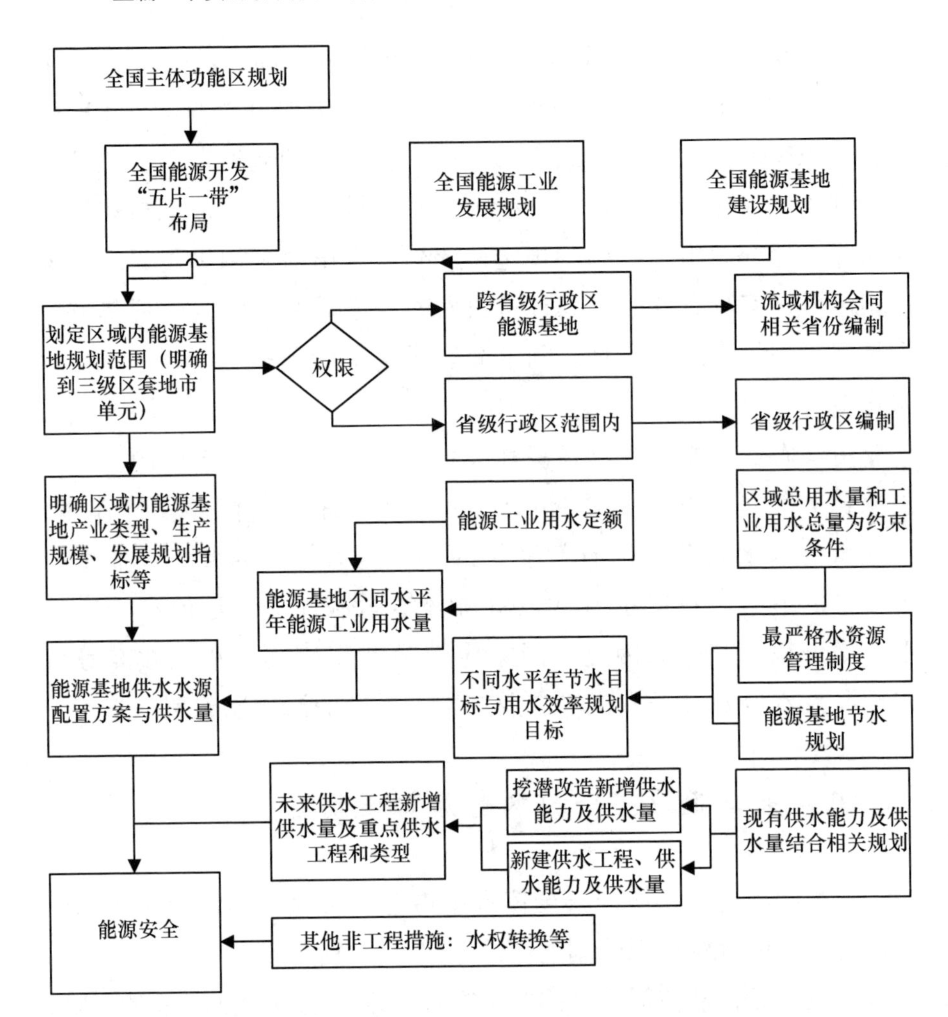

图4—6　国家能源安全的水资源保障及制度

资料来源：笔者绘制。

工业用水总量以及能源工业用水定额来确定不同水平年能源工业的用水量；根据规划中明确的区域内能源基地产业类型、生产规模、发展规划指标等制定用水总量；根据最严格水资源管理制度和能源基地节水规划制定不同水平年节水目标和用水效率目标。

对于未来能源基地用水增加的情况，根据现有供水能力及供水量，结合相关规划，挖潜改造新增供水能力及供水量和新建供水功能、供水能力及供水量，确定未来供水工程新增供水量及供水工程和类型。除了工程措施之外，还要积极使用非工程措施，如水权转换等。

以上这些共同构成了水资源保障国家能源安全的制度体系，包括当前的以及未来的，非工程的和工程的措施。

五　保障生态安全的水资源管理制度

对于生态安全保障，水利部门给出了相应的保障方案，具体如图4—7所示。每个用水配置方案都有一系列保障措施，包括工程和非工程措施。生态安全从国家经济社会发展的相关规划出发，到水资源综合规划中进行落实。《水资源综合规划》从总体和重点区域两个方面要求《全国中长期水供求规划》对生态用水进行配置和保障。其中总体方案要求流域层面和区域（行政区）层面进行相关规划。重点区域方案是对生态用水安全重点区域进行规划。总体方案和重点区域方案内的生态系统用水都可以分为三个方面，分别是河湖生态用水保障、地下水生态保障和城乡生态环境建设用水保障。重点区域根据生态用水类型不同确定的重点区域也不同，其中，河湖生态用水重点区域包括《全国主体功能区规划》中禁止开发的相关区域和《水资源综合规划》确定的现状年河道内生态用水被挤占的河流和区域；地下水生态重点区域为《全国地下水利用与保护规划》中确定的现状不合理开发区域；城乡生态环境重点区域为《国家主体功能区规划》中的“两屏三带”与建制城市和城市群，以及《水资源综合规划》确定的人工补水的重要河湖湿地。

总的来说，总体方案是从行政区和流域层面对生态用水进行全覆盖。重点区域方案是对《水资源综合规划》中确定的生态用水现状有问题的区域以及其他相关规划中确定的相关区域。

在具体的措施方面，可以分为工程措施和非工程措施。工程措施包括调水、挖潜、河湖连通等；非工程措施包括压采、退减、节水、生态调度等。

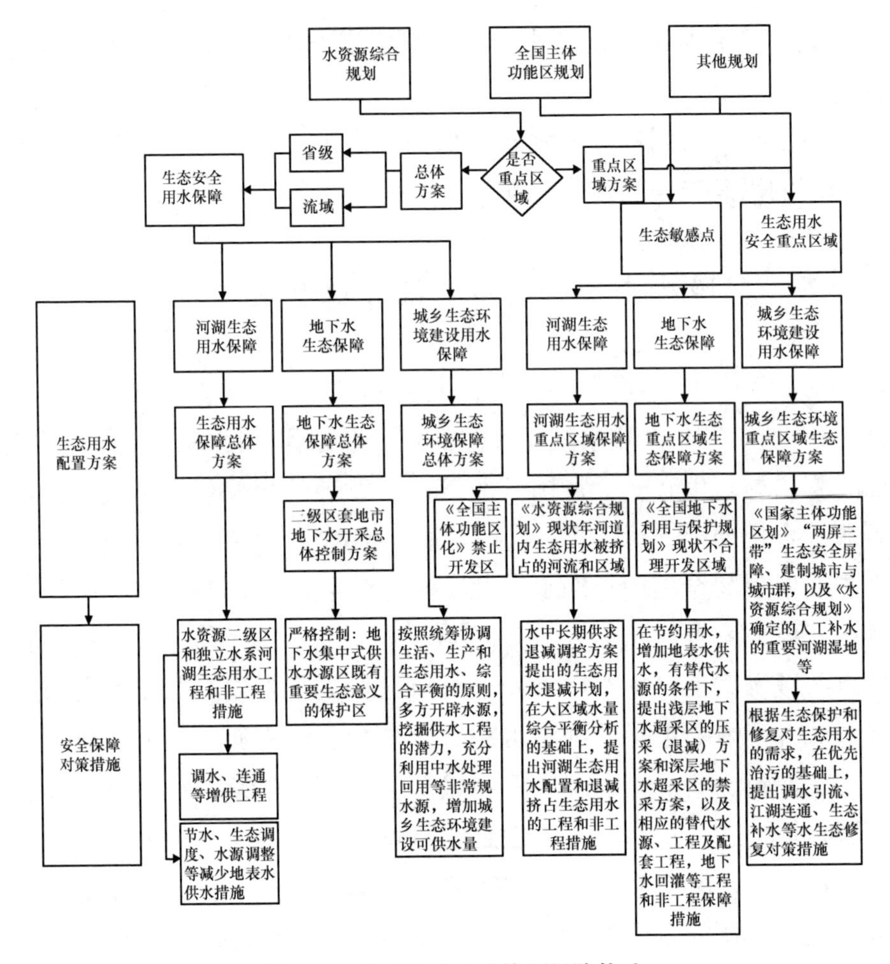

图4—7　生态安全的水资源保障体系

资料来源：笔者绘制。

六　保障协同安全的重点领域和区域保障

（一）重点领域

《全国水资源综合规划》和《全国水中长期供求规划》是《水法》规定的国家层面上的水资源战略规划，《全国水中长期供求规划技术大纲》将以下内容：“现状供求分析”“未来供求分析”“总体调控与布局”“城乡饮水与城镇供水保障”“工业及能源供水保障”“农业及粮食生产供水保障”“生态用水安全保障”“供水水质保障”“供水保障工程”“水供求规划保障制度”“环境影响评价”“规划实施方案与实施效果分析”“规划实施保障措施”作为必要内容。在协同安全的方面，重点领域包括国家饮用水安全、国家产业安全、国家能源产业发展、国家粮食生产、国家生态系统等。在空间布局上，则根据水资源分区对相应的生产力布局进行调控分配。

（二）重点区域

针对重要城市及城市群、能源基地、粮食主产区供水保障的合理需求，依据区域供用水总体方案，科学制定重点区域水源建设与保护方案（见图4—8）。在重点区域的保障中，重点区域为：城市、

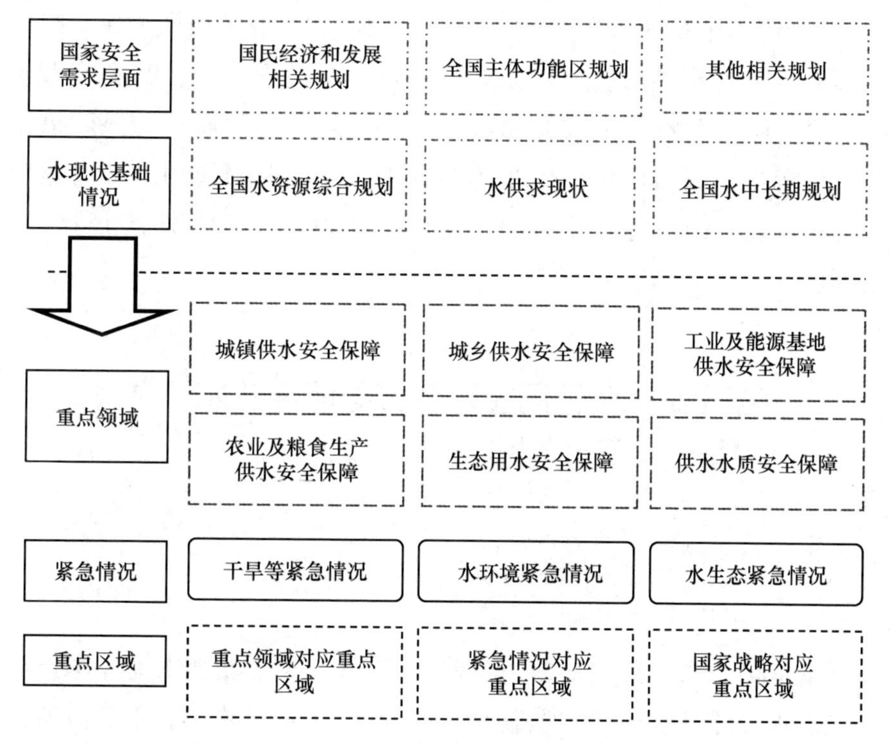

图4—8　协同安全的重点领域和重点区域

资料来源：笔者绘制。

重要城市群、重要能源基地以及粮食主产区。其中城市为行政确定的建制市，重要城市群为《全国主体功能区规划》所确定的全国“两横三纵”城市化战略格局及21个城市群，重要能源基地为《全国主体功能区规划》所确定的全国“五片一带”能源基地，粮食主产区为《全国新增1000亿斤粮食生产能力规划（2009—2020年）》规定的13个粮食主产省区和其他省份120个产粮大县。重点区域水供求态势分析应以全口径、全覆盖的水供求态势分析成果为基础，以水资源三级区套地级行政区为基本统计单元（其中城市逐个规划安排），制定重点区域水资源配置方案。

七　保障体系的考核制度

《全国水中长期规划》为各省级行政区和各流域提供了保障国家发展安全需要的供水能力。在具体保障实施过程中，国家实施考核的制度。除了对水的供求方面考核之外，还在相关规划的保障措施中实施考核，例如在粮食生产的规划中、在能源的规划中都有相应的考核制度。使得各级政府的主要负责人能够对各种安全进行宏观把握。

第三节　水危机应对及传导阻断的水资源管理制度安排

一　水危机应对的制度安排

水危机包括水资源短缺、水环境污染和水生态恶化等。水资源短缺是水资源需求大于水资源供给造成的供求不足。水环境污染是水体发生污染。水生态恶化包括资源短缺和环境恶化造成的河湖水体生态以及地下水生态退化，还包括城乡对生态环境的需求难以满足的情况。

（一）水资源短缺

水资源短缺可以分为工程型短缺以及非工程型短缺。工程型的短缺是指由于供水工程、节水工程不足造成水资源供给以及水资源浪费，使得水资源难以满足要求的情况。对于这种短缺，可以通过增加工程措施来满足。非工程型的短缺，就是说区域没有足够的水资源去承载区域的经济、社会、生态环境的用水需求。对于这种情况，一般存在的问题是以挤占生态环境用水和超采地下水等方式支撑超出的用水需求。这就造成更深的水危机。

对于非工程型的短缺，需要通过水供求总体调控与布局来进行应对。一是需求调控，包括强化节水和强化用水总量制度，采取分行业节水与控制需求增长的综合措施，根据最严格水资源管理制度落实各水平年各行业的节水量等。二是退减调控，包括退减调控方案及相应的水源置换和替代方案，将退减量分解到各个计算单元。其中，地下水退减量包括禁止开采的超采水量和限制开采的地下水量。

（二）水环境污染

对于水环境污染严重的地区，在制度层面上，应提出综合整治措施。包括入河排污口整治、水工程调度、截污导流、环境引水、疏浚清淤、水生态修复等工程和非工程措施。入河排污口整治应提出关闭、合并、调整的方案。水工程调度主要适用于闸坝控制水体，应提出控制性工程的调度方案。截污导流应提出工程规模，截留污水量及导入水体。环境引水应提出引水水源、工程规模与环境引水量，并分析其提高纳污能力的作用以及水质改善效果。清淤措施应提出清淤量及实施方案。

（三）水生态恶化

水生态恶化的区域是生态系统保障的重点区域，在保障生态安全中已详细分析。

二　紧急情况调度预案制度

特殊情况下水供求对策措施旨在应对特殊干旱和重大水污染突发事件等不确定性因素对供水安全产生的影响，通过建设应急供水的基础设施和制定预案，建立健全供水安全保障体系，提高应变能力，提高区域供水安全程度。特殊情况下水供求对策需要充分考虑现有供水工程和规划工程形成的供水工程体系的应急供水能力，因地制宜建设一批规模合理、标准适度的战略储备水源和应急备用水源，推进城市第二水源或多水源建设，提高流域和区域整体应对特殊情况的能力。

特殊干旱情况的选择应与设计保证率相衔接，可选取流域或区域历史最干旱年份或来水保证率大于95%—98%特枯水年作为流域或区域进行特殊干旱分析的基准。根据历史特大干旱情况或特枯水年情况，分析干旱的主要类型、影响范围、成灾过程和特征。从来水、径流、工程蓄水减少等方面，分析特殊干旱情况下供水水源可能减少的情况。

对流域和区域水资源条件进行评价，对生活、生产及环境用水进行分析，制定特殊干旱期供水方案，包括确定特殊干旱期各用水户的基本用水量及供水优先次序，分析不能满足基本用水需求的区域、范围、缺水量。利用工程和非工程措施应对特殊干旱，包括基于缺水情况和应急水源情况，提出提高流域和区域应急供水保障能力的方案和对策，积极应对干旱灾害。

突发性重大水污染事件，指负担向县级行政区所在的城镇以上区域集中供水的重要河流、湖泊、水库、地下水等主要饮用水水源地，受爆炸、投毒、恶性污染物排放等影响，被大范围污染而影响供水安全的事件。相应调度预案应根据流域和区域历年水资源条件、水环境质量情况，分析已发生的突发性重大水污染事件及其原因、影响持续过程及相应对策措施，进行风险源分析，包括分析流域和区域中有可能导致突发性水污染事件的潜在重大污染源及污染源可能的影响时间等。分析饮用水水源地在受污染情况下供水水源的减少情况，提出对风险源进行监测预警实施方案及重大水污染事件供水应急预案和应对措施。

三　风险消解制度

风险消解制度是对存在的风险和危机，有步骤地进行水资源管理并逐步消除。典型的是农村居民饮水安全和水资源退减调控制度。

农村居民饮水安全即农村居民生活用水安全保障。按照国家相关部署，解决规划内农村饮水安全问题，基本解决新增农村饮水不安全人口的饮水问题。在有条件的地区通过延伸集中供水管网，发展城乡一体化供水，提高农村自来水普及率，积极推进集中连片供水工程建设。落实农村饮水安全工程管护主体，加强运行管理，加强农村水源保护和水质监测，确保农村饮水安全工程长期发挥效益。

在水资源开发利用过度或接近开发利用极限的地区，如地下水超采导致地面沉降危害的地区、挤占河道内生态环境用水导致生态问题的地区，应根据各方面条件与具体情况，规划逐步退减不合理开发利用的水量，制定退减调控方案及相应的水源置换和替代方案。已编制地下水限采、压采规划区域及编制有水生态环境保护与修复规划的区域，要结合已有规划成果，制定水资源退减调控方案。对于挤占河道内生态用水量的地区，可以通过减少地表水和地下水的开发利用量，减少河道内水量消耗，必要时可采取工程措施直接进行补水。退减水量应进行较大区域的水量综合平衡分析。水源置换和替代工程的新建工程和原有工程改扩建，或在原有功能的基础上增加生态供水、置换退减水量的工程，应提出退减调控方案的对策措施。退减调控方案还包括置换与替代工程措施和政策与管理等非工程措施，非工程措施是落实退减调控方案的重要保障，应在相关规划进行详细说明。

四　风险和危机的事前管理制度

规划的环境影响评价制度是风险和危机的事前管理制度。其流程是基于水供求规划方案进行规划方案环境影响识别与环境保护目标确定，重点识别规划方案可能导致的主要环境影响及特征，重点考虑需要特殊保护区、生态敏感与脆弱区和社会关注区等。在规划环境影响与环境保护目标识别的基础上，构建规划对于水资源、水环境、生态、社会环境等方面的评价指标体系，分析规划的主要环境影响因子。

事前管理制度根据规划区域水环境现状特征，结合污染源和污染物特点，分析工程供水退水去向及相应的污染负荷和主要污染物，评价规划实施对河流水质的影响。根据规划区域生态现状及规划工程布局特征，采用类比分析等方法，评价规划实施后对陆生生态系统以及生态完整性的影响，预测分析规划实施后区域生物多样性的变化，预测规划实施对流域或区域生态系统生产能力和生态稳定性的影响。根据区域已建不同类型供水工程建设前后的水生生物及鱼类区系、种群数量变化，类比分析规划工程对水生生物及鱼类影响。根据规划布局及鱼类“三场”分布和水产种质资源保护区，评价规划实施对鱼类“三场”及水产种质资源保护区的影响，重点分析规划实施后区域适合国家或省级重点保护鱼类、濒危鱼类、特有鱼类等生存的河流和生境特征。

五　专门机构的设立和专门规划的制定

对于事关协同安全的重点区域和流域，国家通过设立专门机构和制定专门的规划进行管理。例如，黑河流域管理局就是国家针对黑河流域由于管理不善引起的影响全国的生态灾难，专门对流域水资源进行统一管理所设置的机构。其主要职能包括编制流域水资源开发利用规划，统筹水量分配方案，统一管理黑河流域水资源；组织实施节水工作，制定节约用水规划；负责流域内重要水文控制站监测和资料整编工作；组织实施流域内取水许可，检查、监督流域取水计划的执行情况；组织流域内重要水利工程的规划、建设、运行调度和管理；协调处理流域内取水主体水事纠纷。除了国家层面设立的专门流域管理机构以外，省级政府也针对区域内影响水安全的流域设立专门管理机构，例如，甘肃省设立疏勒河水资源管理局，新疆设立塔里木河流域委员会（塔里木河流域管理局）。在专门的规划方面，《黑河流域近期治理规划》是国家为应对黑河流域水安全重大问题而由水利部编制、国务院批准实施的专门规划。此外，还有《塔里木河流域近期综合治理规划报告》等专门的规划。

第五章

协同安全视野下水问题的诊断

第一节　保障协同安全的基本效果

一　中国基本水情

（一）水资源总量

根据第二次水资源调查评价结果，中国年均降水量为60879亿立方米，对应降水深643毫米。中国降水时空分布不均，年际、年内变化大且具有连年丰枯的特征。中国降水量呈现东南到西北逐步减少的特征，总体分布南方多、北方少、山区多、平原少，南方土地面积占全国土地面积的36%，年平均降水深1085毫米，相应降水量为41410亿立方米，占全国年降水量的68%。北方土地面积占全国土地面积的64%，年平均降水深344毫米，降水量为19445亿立方米，占全国降水量的32%。受季风气候影响，中国降水主要集中在汛期，年际变化很大，且北方地区变化幅度大于南方地区。中国地表水资源量为27388亿立方米，折合年径流深为288.1毫米，其中，山区多年平均地表水资源占92.7%，年径流深为371.4毫米，平原区占7.3%，年径流深为74.7毫米。全国多年平均径流系数为0.44。20%、50%、75%、95%频率下的地表水资源总量分别为28488亿立方米、26651亿立方米、25241亿立方米、23284亿立方米。

根据《水资源公报》，2017 年中国平均降水量为 664.8 毫米，较常年值偏多。2017 年，中国地表水资源量为 27746.3 亿立方米，折合年径流深为 293.1 毫米，比多年平均值偏多 3.9%，比 2016 年减少 11.3%。2017 年，从国境外流入中国境内的水量为 218.6 亿立方米，从中国流出国境的水量为 6250.4 亿立方米，流入界河的水量为 934.2 亿立方米；中国入海水量为 16941.3 亿立方米。2017 年，中国地下水资源量为 8309.6 亿立方米，比多年平均值偏多 3.0%。其中，平原区地下水资源量为 1742.0 亿立方米，山丘区地下水资源量为 6893.2 亿立方米，平原区与山丘区之间的重复计算量为 325.6 亿立方米。中国平原浅层地下水总补给量为 1819.7 亿立方米。2017 年，中国水资源总量为 28761.2 亿立方米，比多年平均值偏多 3.8%。

（二）水资源可利用量

水资源可利用量等于地表水资源可利用量与平原区浅层地下水可开采量之和并减去两者的重复量。其中地表水资源可利用量是在生态环境和水资源可持续的前提下，在一定经济和技术条件下的地表水可利用量。地下水可开采量是指在一定技术和经济条件下，不造成生态环境恶化而从地下含水层抽取可持续利用的水资源量。

根据《水资源综合规划》的研究成果，中国地表水资源可利用量约为 7524 亿立方米；地表水资源利用率（地表水资源可利用量与地表水资源量的比值）约为 28.2%，其中松花江区、辽河区、海河区、黄河区、淮河区地表水资源可利用率为 46%，西北诸河区约为 38%，南方各区平均为 25%。在维持地下合理生态水位和不产生影响环境地质问题的情况下，中国平原区可持续利用浅层地下水可采量为 1230 亿立方米，相当于平原区地下水资源量的 70%。中国水资源可利用总量约为 8140 亿立方米，水资源可利用率约为 29.4%。

根据全国第一次水利普查数据，中国共有水库 98002 座，总库容为9323亿立方米。农村供水工程共5887万处，其中集中式供水工程92万处，分散式供水工程5795万处。地下水取水井9749万眼，地下水取水量共1084亿立方米，用于灌溉753亿立方米，地下水水源地共1847处。根据《全国水中长期供求规划》，2000年中国供水能力[①]6965亿立方米。根据《水资源公报》，2017年中国总供水量[②]为6043.4亿立方米，占当年水资源总量的21.0%；中国总用水量[③]为6034.4亿立方米。其中，生活用水占总用水量的13.9%；工业用水占21.1%；农业用水占62.3%；生态环境补水占2.7%。中国的用水结构呈现农业、工业用水占比减少，生活和生态用水增加的趋势。

（三）水资源利用情况

中国水资源开发利用程度（水资源开发利用水资源量占区域水资源总量的比例）平均为21%，北方汇总为52%，南方汇总为15%，其中，不考虑调水情况下海河区为100%，黄河区和淮河区分别为55%和71%，辽河区和西北诸河区分别为42%和50%，其他区都在31%以下。地下水资源开发利用率，海河区为100%，辽河区为55%，淮河区为44%，松花江区为41%，黄河区为34%。

1949年中国总用水量仅为1030亿立方米，1959年增长至2050亿立方米，1965年则达到2744亿立方米，1980年达到4408亿立方米，2000年达到5621亿立方米，2017年达到6043.4亿立方米。就水资源一级区而言，长江区用水量最大，并且持续增长；珠江区用水量次之，但已不再增长。西南诸河区、西北诸河区、辽河区、东南诸河区、黄河区没有呈现增长态势。松花江区呈现增长态势。海河区近年来呈现下降态势。就省份而言，持续增长的有重庆、贵州、

---

① 供水能力指利用供水工程设施，对水量进行存储、调节、处置、输送，可以向用水户分配的，具有一定保证程度的最大水量。

② 供水量指各种水源为用户提供包括输水损失在内的毛水量。

③ 用水量指各用水户取用的包含输水损失在内的毛水量。

山西、安徽、江西、吉林、新疆、广东、黑龙江、湖北、四川、上海、福建；趋于平稳的有江苏、湖南、山东、甘肃、辽宁、内蒙古、宁夏、海南、北京、河南、西藏、青海、天津；下降的有广西、河北、浙江、云南、陕西。

分部门来说，生活用水、工业用水和生态用水一直呈现增长态势；农业用水在 1997 年达到峰值之后，呈现下降态势，在 2009 年开始出现增长，到 2014 年又下降。生活用水从 1997 年的 525.2 亿立方米，增加到 2017 年的 838.1 亿立方米，其中农村生活用水小幅度降低，城镇生活用水大幅度增加。工业用水从 1997 年的 1121 亿立方米，增加到 2007 年的 1404 亿立方米，2007—2011 年每年约为 1400 亿立方米，2017 年为 1277.0 亿立方米。这里的工业用水量只是淡水的取用量，不包括重复利用水总量和海水利用量，把重复利用水总量和海水利用量加总到淡水取用量后，2011 年工业用水总量达到 11276 亿立方米，比 2007 年的 8893 亿立方米增加了近 3000 亿立方米。可以看出，工业技术性的节水和海水利用量对于工业节水有着重要的作用。

就水资源利用效率而言，2017 年中国万元国内生产总值（当年价）用水量为 73 立方米，农田实际亩均灌溉用水量为 377 立方米，农田灌溉水有效利用系数为 0.548；万元工业增加值（当年价）用水量为 45.6 立方米，城镇人均生活用水量为 221 升/天，农村人均生活用水量为 87 升/天。按可比价计算，万元国内生产总值用水量和万元工业增加值用水量分别比 2016 年降低了 7%、9%。农田实际亩均灌溉用水量从 1980 年的 588 立方米下降到 2005 年的 450 立方米，再到 2017 年的 377 立方米。

（四）水环境情况

根据《水资源公报》，全国 21.6 万公里的评价河流中。全年Ⅰ类水河长占评价河长的 5.9%，Ⅱ类水河长占 43.5%，Ⅲ类水河长占 23.4%，Ⅳ类水河长占 10.8%，Ⅴ类水河长占 4.7%，劣Ⅴ类水河长占 11.7%，水质总体状况为中。从水资源分区看，西南诸河区、西北诸河区水质为优，珠江区、长江区、东南诸河区水质为良，松花江区、黄河区、辽河区、淮河区水质为中，海河区水质为劣。

2017 年，对中国开发利用程度较高和面积较大的 121 个主要湖泊共 2.9 万平方公里水面进行的水质评价。结果显示，全年总体水质为Ⅰ—Ⅲ类的湖泊有 39 个，Ⅳ—Ⅴ类湖泊有 57 个，劣Ⅴ类湖泊有 25 个，分别占评价湖泊总数的 32.2%、47.1% 和 20.7%。对上述湖泊进行营养状态评价，大部分湖泊处于富营养状态。处于中营养状态的湖泊有 28 个，占评价湖泊总数的 23.1%；处于富营养状态的湖泊有 93 个，占评价湖泊总数的 76.9%。

2017 年评价水功能区 5551 个，其中，满足水域功能目标的为 2873 个，占评价水功能区总数的 51.8%。评价重要江河湖泊水功能区 3027 个，其中，符合水功能区限制纳污红线主要控制指标要求的为 2056 个，达标率为 67.9%。2017 年，地下水水质总体较差。水质优良的测井占评价监测井总数的 0.5%，水质良好的占 14.7%，水质较差的占 48.9%，水质极差的占 35.9%。

二　水资源协同安全的基本效果

（一）水资源协同安全的总体效果

水资源对协同安全的保障包括水资源总量的保障和用水保证率的保障。总体上来说，中国水资源量能够很好地满足中国经济快速发展的需要，生活、农业、工业用水都能够得到较好的保障；但在局部地区出现了水资源量不可持续等问题。在保证率上，城镇生活用水保证率基本达到 95%，灌溉用水和农村生活用水保证率也相对较好。

在供水水质上，水功能区的达标率、饮用水水源水质达标率、近海水域水质达标率等方面均令人担忧。在社会水循环内部，除工业用水水质达标率相对较好外，城镇自来水水质达标率、农村饮用水水质达标率、灌溉用水水质达标率都难以令人满意。

（二）对城镇用水的保障

城镇化是现代化的必由之路，是解决“三农”问题的主要途径，是推动区域协调发展的有力支撑，是扩大内需和促进产业升级的重要抓手。快速城镇化是中国现阶段的重要趋势，主要原因有以下三个方面：一是农村劳动力极度富余；二是农业收益较低，农村劳动力到城镇务工意愿强烈；三是新一代务工人员返乡生活的意愿不强。2015年，中国常住人口城镇化率已达到55%，城镇常住人口超过7.5亿人。随着户籍改革的逐步深化，未来城镇人口将继续增加。

城镇化的推进对水资源造成的影响主要有以下五个方面。一是城镇生活用水①增加；二是农村生活用水②减少；三是农业用水最终降低；四是城镇水系水质面临更大压力；五是用水需求多样化和多元化，景观用水、生态补水等需求上升。

《全国水供求中长期规划》将保障城镇化的用水安全问题作为重点领域，并将《全国主体功能区规划》确定的城市群用水安全问题作为重点区域的重点问题。中央和地方政府利用工程性和非工程性的措施来保障城镇化用水的安全。通过对保障措施的分析，得出32个严重缺水的城市，分别是古交、金昌、侯马、孝义、鄂尔多斯、固原、临汾、太原、大同、乌兰察布、霍林郭勒、泊头、河间、冀州、深州、任丘、汾阳、霸州、亳州、衡水、廊坊、吕梁、北京、安国、保定、定州、高碑店、藁城、晋州、涿州、天津、丰镇。其中海河区18个，位于京津冀地区；黄河区10个，主要位于山西；西北内流河区、华北内流河区、淮河区和松花江区各1个。

（三）对能源用水的保障

2014年，中国能源生产总量为36.0亿吨标准煤，其中原煤产量

① 水利部门统计的城镇生活用水，包括居民生活用水、公共部门用水以及服务业用水。

② 水利部门统计的农村生活用水，包括居民生活用水和家养牲畜用水。

占比73.1%，原油占比8.4%，天然气占比4.8%，水核风电等占比13.7%；中国能源消费总量为42.6亿吨标准煤，其中原煤占比66%，原油占比17.1%，天然气占比5.7%，一次电力及其他能源占比11.2%。《全国水中长期规划》将能源供水安全作为重点领域，将《全国主体功能区规划》能源基地的"五片一带"作为供水安全的重点区域，除西南地区外，山西、鄂尔多斯盆地、东北和新疆等能源基地都位于中国北部，也是缺水地区。

由于中国能源分布的特征，西北地区和山西的能源是中国未来能源供给的必要选择。但西北地区和山西都是缺水地区，人均水资源量仅多于海河区，因此水资源成为中国能源生产的重要约束。目前中国西北地区的黄河上游总用水量大约333.9亿立方米，其中，农业用水为246.8亿立方米，工业用水为46.7亿立方米，火电和核电用水为6.5亿立方米；预计到2030年，总用水量将达到420亿立方米，其中火电和核电需水量达到15亿立方米（贾绍凤等，2014）。

（四）对粮食生产用水的保障

2014年，中国粮食产量为60709.9万吨，比2013年增加516万吨，增长0.9%。2014年粮食产量已满足2030年的需求（按照14.5亿人，人均每年420千克的安全标准），远超人均每年400千克下的5800亿千克的产量。可以预计，随着农田水利设施的投入、节水设施的使用，农村土地改革的推进，农业用水将会进一步减少。

（五）对生态用水的保障

在水资源对生态系统的保障方面，部分区域水资源开发利用程度非常高、挤占生态用水严重、地下水超采严重，而且还面临气候变化和人类活动对水循环造成的当地水资源量大幅度减少的可能。

（六）未来水资源利用总量趋势

中国在2011年开始实行最严格水资源管理制度，实行用水总量红线、水功能区水质达标率红线、水资源利用效率红线。其中2020年、2030年用水总量分别控制在6700亿立方米和7000亿立方米，水资源利用效率控制目标较2010年下降30%。从发展态势来看，中国水资源利用与经济增长已呈现脱钩态势，2014—2017年，水资源利用总量基本持平的原因在于以下四个方面。第一，中国经济步入新常态，驱动经济增长的方式已转向创新驱动发展，传统的高耗能、高污染、高耗水的产业呈现转移趋势。第二，中国粮食安全已基本得到保障，农业节水技术推进，农田水利工程投入大幅度增加，农业用水大幅度增加的主观动力和客观动力都不复存在。第三，增加的生活用水所占的比例不大。第四，生态环境用水将大幅度增加。

三　中国水危机的基本判断

（一）水环境危机

水环境危机是中国水资源领域面临的主要危机，特别是城市周边的水环境危机。根据《水资源公报》，全国评价水功能区达标率为51.8%，重要江河湖泊水功能区达标率为67.9%，地下水水质较差的占48.9%、水质极差的占35.9%。地表水看似达标率相对较高。但是，达标的水功能区多位于边远地区，中东部地区的达标率较低。位于人口集中的城市周边的水质尤其令人担忧，黑臭水体遍布全国218座城市的1861个水体[①]，其中，广东以242个居首；北京以61个排名第11，主要位于通州区、朝阳区等主城区下游区域。

---

① 中国水网：《环保部住建部联合搭平台整治黑臭水体，2016年1季清单出台》，http：//www.h2o－china.com/news/236947.html。

（二）饮用水危机

目前中国饮用水安全面临危机。饮用水安全问题危机主要体现在两个方面，一是饮用水水质危机；二是农村饮水问题。根据国际卫生组织（WHO）和联合国儿童基金会（UNIEF）的“水和卫生联合检测项目”入户调查显示，1990—2008 年，全球大约 4.5 亿人获得了更好的水资源，89% 的人口获得了较好的水源[①]（Improved Water Resources，IWR），55% 的人口获得了较好的卫生[②]（Improved Sanitation，IS）。2015 年，中国的水和卫生改善情况见表 5—1，IWR 和 IS 为安全饮水的两个基本项目[③]。

表 5—1　　2015 年中国水和卫生改善情况

		城镇（56% 的人口）	农村（44% 的人口）	全国
水	IWR	98%	93%	95%
卫生	IS	87%	64%	76%

中国生活饮水水源地的水质情况堪忧。2007 年水利部对全国 661 个建制市和 1746 个县级城镇的 4555 个城镇集中式饮用水水源地的调查显示，约 14% 的水源地水质不合格；2011 年环境保护部对地级以上城市集中式饮用水水源环境状况调查显示，约 35.7 亿立方米的水源水质不达标，占总供水量的 11.4%。目前水质标准是根据《地表水环境质量标准》（GB 3838 - 2002）进行评价的。该标准在 24 项地表水环境指标上增加了特定指标 80 项以及补充指标 5 项。根

① 根据 WHO 和 UNIEF 定义，较好的水源主要由管道输水和受保护的水源以及瓶装水构成，基本与中国安全饮水范围类似。

② 根据 WHO 和 UNIEF 定义，较好的卫生条件主要指能够卫生地将人与人类的排泄物分开，避免接触。

③ WHO，UNIEF，Progvess on Sanitation and Drinbing Water，http：//www.wssinfo.org/filead-min/user_upload/resources/JMP-Update-report - 2015_English.pdf.

据其24项指标，2013年中国833个水源地水质标准达标率为90%[①]。但这24项基本指标没有包括毒性等指标，只是常测指标，难以反映水源地的真实水质情况。

在入户水质方面，中国95%以上的公共供水厂是在饮用水卫生新标准颁布之前建设的，水厂设施陈旧。这些供水厂的原水水质是按照地表水Ⅱ类和地下水Ⅲ类、出厂水水质是按照1985年颁布的《生活饮用水卫生标准》的35项指标设计和建造的，水源水质和处理工艺均难以保障出水达到饮用水卫生新标准的要求[②]。目前，中国施行的是《生活饮用水卫生标准》（GB5749－2006）。较1985年的标准，水质指标由35项增加至106项，增加了71项，修订了8项；微生物指标由2项增至6项；饮用水消毒剂由1项增至4项；毒理指标中无机化合物由10项增至21项，有机化合物由5项增至53项；感官性状和一般理化指标由15项增至20项。

（三）水生态危机

地下水生态危机有深化趋势，根据水利部全国平原区地下水超采区评价情况，中国地下水开采总量超过1100亿立方米，北方地区地下水供水量占供水总量的比例已超过70%，21个省份的平原区地下水超采，其中19个省份严重超采。中国平原区地下水超采区总面积大约30万平方公里。地下水水质问题更不容乐观，其中，海河流域片平原区地下水质严重污染的占比为30%以上。

《全国水中长期规划》要求保障各领域的供水，从重点领域，如城镇化、粮食生产、能源产业发展、供水安全和生态文明的表述来看，供水都呈现增长态势，其中生态文明的表述是“补水”和地下水压减。

---

① 环保部：《饮用水源地达标率90%以上》，http：//news. sina. com. cn/c/2013－07－20/174927724608. shtml。

② 环保部：《全国人大听取饮用水安全情况报告饮用水安全保障要纳入考核》，http：//politics. people. com. cn/n/2012/0629/c70731－18409205. html。

四　中国水危机传导情况判断

（一）存在水危机进一步传导的客观条件

从目前的情况来看，中国水资源管理制度一直关注国家安全的用水需求问题，包括农业、工业、生活供水安全问题，重点领域如城镇化、粮食生产、能源产业发展以及重点区域等安全问题。但是对“人”的价值和规范改变的关注不够，主要体现在对国民的水服务上缺失。一是水体水质和入户水质的问题严重突出。二是在水资源对农业的保障上，将国家视野下的总体粮食生产放在重要的位置。但对于农民来说，水只是投入因素，农民的意愿不是使用多少水，而是获得更多的收入。因此在保障粮食生产和节水改造上，需要牢牢把握增加收入的重要抓手。三是持续旺盛的水生态需求难以得到满足。

（二）存在潜在的危机

水循环系统、承载系统、主体系统都对水资源有很大的影响。其中，气候变化对水循环的影响以及承载系统的变化，都对水资源的量和质产生很大的影响。根据 1980 年、2000 年和 2010 年水资源综合规划的数据，海河流域区水资源量的变化被认为是自然变化和人类活动共同作用的结果。根据联合国政府间气候变化专门委员会（Intergovernmental Panel on Climate Change，IPCC）2013 年发布的情况看，1880—2012 年地表平均温度上升了 0.85℃，2003—2012 年地表平均温度比 1850—1900 年的高了 0.78℃。由于气候变化原因，青海在过去 20 年已经消失了超过 2000 个湖泊，黄河也由于青藏高原上游冰川的减少使得来水减少。除了气候变化之外，下垫面和土地利用的变化（LUCC）也对水资源产生了影响。2000 年后，由于人为的退耕还林政策，黄土高原植被变好，产水量、产沙量都明显减少。

（三）目前水危机传导的阶段

目前水资源能够有效保障中国的国民供水安全、粮食生产、能源产业发展和经济安全，但在满足国民安全对水质的需求和满足生态安全需求方面略显不足。在国民安全受到威胁的情况下，这一问题容易演变成危机，进一步危害社会安全和政治安全。本书在水资源系统与国家安全系统作用机制中，提出了三个跳跃点，如图 5—1 所示。

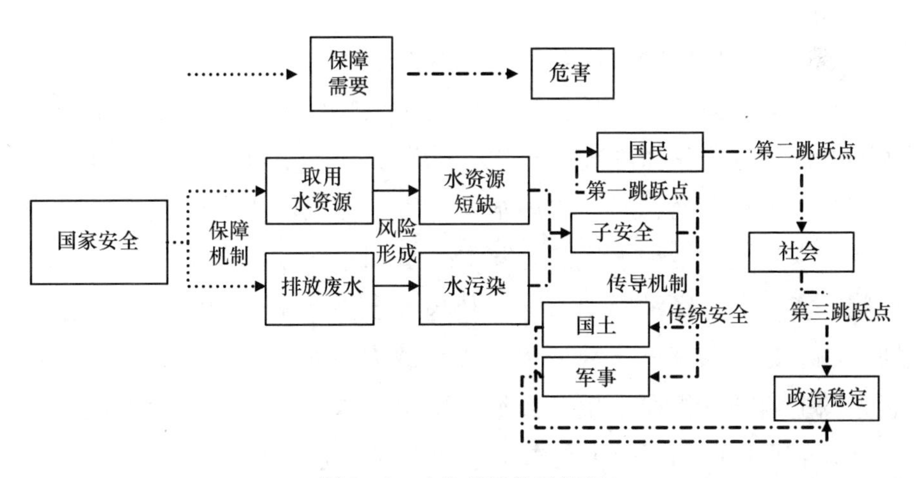

图 5—1　水危机的传导机制

资料来源：笔者绘制。

根据分析可以看出，中国的水资源配置体系很大程度上是为国家协同安全服务的。大部分的用水都是国家协同安全内的用水，例如，粮食生产的用水占农业用水的绝大部分。能源产业发展的用水也占到工业用水的一半以上；生活用水中居民生活用水也占一半以上。水资源需求是水资源对国家安全保障的体现，从这个角度来看，正是需求的增加造成水资源的短缺。同时，部分地方政府对环境保护与经济发展的权衡不当，造成水环境与水生态危机。由此可以看出，国家安全与水资源之间是一个环形闭合的作用机制。

目前来看，水危机已普遍存在，且危害到部分的国民安全，部分区域已经达到第二跳跃点，危害到社会安全，但没有跳跃到危害政治安全。

第二节　协同安全视野下水资源关键问题的判断

一　协同安全视野下水资源问题的实质

从以上分析可以看出，协同安全各个环节的用水需求过程中，由于某种不当造成了水危机，从而危害到协同安全本身，这是一个环形的作用过程。保障类型可以分为粮食生产、能源产业发展、经济安全、生态系统、国民饮用水安全等，造成的水危机包括水资源短缺、水环境污染和水生态恶化等。从国家安全的角度来看，水环境问题实质上是经济安全与生态环境安全不匹配的问题。水资源短缺实质上是用水需求与区域水资源承载力不匹配的问题。水生态问题是以上两种危机在水生态领域的综合反映。从这个方面来说，发展带来的水资源的不合理需求是水危机的关键问题。

因此，有必要分析中国用水需求的驱动力是什么，同时要将协同安全的用水需求作为驱动力的一部分，分析其内在作用机制，找出中国水资源的关键问题和矛盾。

二　水资源需求的驱动力定量研究

（一）驱动力分解测算方法

由于协同安全系统的复杂性，在对协同安全的研究中，可以将其映射到经济系统中来进行测算，对用水演变的驱动因素的定量研究具有一定的复杂性，作为国民经济核算基础的投入产出表，经过适当拓展可以用来研究各驱动因素的驱动力。表5—2为拓展后用于本研究的可比价非竞争水资源投入产出表。

表 5—2　　（进口）非竞争型水资源投入产出模型

	中间投入	最终需求（消费、固定资产、出口）	进口	总产出
国内产品	A^iX	Y^i		$X=(I-A)^{-1}Y=LY$
进口产品	A^eX	Y^e	E	
增加值	V			
总投入	X^T			
用水通量	W_1	W_2		

注：表格栏空白表示无内容。

资料来源：笔者自制。

1. 混合型可比价非竞争投入产出表的编制。本书选择 2002 年、2007 年和 2012 年为典型年，建立“实物—价值”混合型水资源投入产出模型，将各部门投入产出用货币价值来表示，而水资源的投入和使用用实物量来表示。由于这三年投入产出表行业分类不同，将分类不同的部门进行合并，最终形成分类一致的 38 个部门的投入产出表。

在不同年份价格的问题上，本书利用双重平减法（double deflation）将每年的投入产出表转化为基年的价格基准，得到可比价投入产出表。中国公布的投入产出表均为竞争型投入产出模型，需要建立非竞争型投入产出表，考虑进口产品中间投入对各行业的影响。本书采用非调查法进行计算。假设各个部门在生产过程中所消耗的同一种中间投入具有相同的本地区生产比重；同一部门的固定资产与中间投入具有相同的本地区生产比重。

将全国用水数据关联到上述投入产出表，作为实物占用量，不参与投入产出表中行、列价值量平衡。用水数据主要来自《水资源公报》，因水资源公报用水分类并未细致到 38 个部门，需要对行业用水进行分解。农业用水数据直接来自《水资源公报》，电力生产与供应业用水数据来自《水资源公报》中的火核电用水；其他工业行业采用投入产出表中“水的生产与供应业”对各工业行业的中间投入比例进行划分，利用经济普查数据对该方法进行验证后确定该方法较为可靠。《水资源公报》中的城镇生活用水包括建筑业、服务业和城镇居民用水，根据全国水利普查数据，将建筑业和城镇居民用水分解；再将其投入产出表“水的生产与供应业”中，用于各服务业最终消费的份额乘以服务业用水总量得到服务业分行业的用水。农村居民用水来自农村生活用水。

2. 用水与经济系统关联。投入产出模型的基本公式为：

$$X = (I - A)^{-1}Y = LY \quad (5—1)$$

其中 X 为总的产出；A 为总的技术系数矩阵；Y 为最终需求。L 为里昂惕夫逆矩阵，反映各部门的最终使用对其他部门的消耗。

考虑到用水在投入产出表中的关联：

$$W = W_1 + W_2 = CX + C'D \quad (5—2)$$

其中，W 为用水总量，W_1 为行业生产的用水，W_2 为居民生活用水；C 为各行业水资源的投入强度（行业用水系数），D 为最终需求中居民消费总额，C' 为居民生活用水系数，即单位居民消费的用水量。

将 $X = LY$ 代入到式（5—2），得到：

$$W = W_1 + W_2 = CLY + C'D \quad (5—3)$$

3. 驱动力的分解。最终需求的分解，Y 为最终需求的矩阵，可以将 Y 分为最终需求总量和各需求结构矩阵的乘积。即：

$$Y = MNOSGu \quad (5—4)$$

其中，M 为最终需求衡量的制造业产业结构，N 为最终需求衡量的第二层次产业结构；O 为最终需求衡量的三次产业结构，S 为反映产业间需求结构的矩阵（消费、固定资产形成和出口的结构）；G 为支出法计算的 GDP；u 为 Y 与 GDP 的比值，定义进口中间投入品的价值与 GDP 的比值为进口率，则 u 等于进口率加 1，u 的变动反映了进口率的变动。

4. 用水强度分解。对行业用水强度进行分解：

$$C = C_1 R_1 R_2 R_3 R_4 T_1 T_2 T_3 \quad (5—5)$$

R 为农业用水系数；将其分解为 4 个相关系数。

R_1 为 $n \times n$ 阶对角矩阵，表示灌溉面积占比。i 为矩阵元素，当 $i = 1$ 时，其元素$r1_i$为种植业灌溉面积占总耕地面积的比值，其他元素为 1。R_2 为 $n \times n$ 阶对角矩阵，表示灌溉用水系数，当 $i = 1$ 时，其元素$r2_i$为种植业灌溉亩均用水量，单位为立方米/亩，其他元素为 1。R_3 为$n \times n$ 阶对角矩阵，表示农业生产系数，当 $i = 1$ 时，其元素$r3_i$为万元种植业产值占用耕地面积，单位为亩/万元，其他元素为 1。R_4 为 $n \times n$ 阶矩阵，表示农业生产结构，当 $i = 1$ 时，其元素$r4_{1i}$为种植业占农业产出的份额，$r4_{2i}$为林牧渔业占农业产出的份额，其他元素为 1。

T 为电力热力生产与供应业用水系数；将其分解为 3 个相关系数。

其中，T_1 为 $n \times n$ 阶对角矩阵，其元素$t1_i$为火核电发电量占年度发电总量的份额，i 为火核电部门在所有部门中的序号，下同，其他元素为 1。T_2 为 $n \times n$ 阶对角矩阵，表示电力用水系数，其元素$t2_i$为单位火核电发电用水量，单位为立方米/万千瓦时，其他元素为 1。T_3 为 $n \times n$ 阶对角矩阵，表示电力生产系数，其元素$t3_i$为 1 单位产出的发电量，单位为千瓦时/元。

C_1 为 $1 \times n$ 阶矩阵，表示其他部门用水系数。当 i 为农业和电力部门时，其元素为 1，其他元素$c1_i$表示除农业和电力生产和供应业外，其他部门 i 用水系数，即 1 单位总产出的用水量，单位为立方米/万元。

5. 生活用水分解。对生活用水强度进行分解：

$$C' = C_2/e = C_2 E \quad (5—6)$$

其中，C_2表示人均生活用水量，单位为立方米/人；e 表示人均居民消费额，单位为万元/人。令 $E = 1/e$，E 代表了人均消费水平。

最终得到用水总量与经济系统关联表述式：

$$W = C_1 R_1 R_2 R_3 R_4 T_1 T_2 T_3 LMNOSGu + C_2 ED \quad (5—7)$$

表 5—3　　驱动因素解释

代码	因　素	量纲	意　义	驱动力分类
R_1	灌溉面积占比矩阵	%	有效灌溉面积占总面积比例	粮食生产
R_2	灌溉用水系数矩阵	立方米/亩	亩均灌溉用水量	
R_3	种植业生产系数矩阵	亩/万元	万元产值占用耕地	
R_4	农业生产结构矩阵	%	种植业产值占农业总产值比例	
T_1	火核电发电量占比矩阵	%	火电、核电发电量占总发电量比例	能源产业发展
T_2	火核电电力用水系数矩阵	立方米/万千瓦时	万度电用水量	
T_3	电力价格系数矩阵	度/元	电量与电力产业产值比例	
C_1	其他行业用水系数	立方米/万元	除种植业和电力生产与供应业的其他行业的单位产值的用水量	技术进步
L	行业技术系数	/	中间投入技术变化	
M	最终需求衡量的制造业产业结构	/	第三层次产业结构	经济发展方式转变
N	最终需求衡量的第二层次产业结构	/	第二产业、第三产业内结构	
O	最终需求衡量的三次产业结构	/	第一层次产业结构	
S	最终需求结构	/	消费、固定资产形成、出口的结构	
u	进口替代	%	中间投入和最终需求中进口品占比	
G	经济总量	万元	投入产出表核算国民生产总值 GDP	经济总量增长
C_2	居民生活用水系数	立方米/万元	单位居民消费的用水量	生活用水
E	消费水平	人/万元	万元消费支撑人口	
D	居民消费	万元	居民消费总额	

资料来源：笔者自制。

（二）结构分解计算

$$\Delta W = W^1 - W^0$$
$$= C_1^1 R_1^1 R_2^1 R_3^1 R_4^1 T_1^1 T_2^1 T_3^1 L^1 M^1 N^1 O^1 S^1 G^1 u^1 + C_2^1 E^1 D^1$$
$$- C_1^0 R_1^0 R_2^0 R_3^0 R_4^0 T_1^0 T_2^0 T_3^0 L^0 M^0 N^0 O^0 S^0 G^0 u^0 - G_2^0 E^0 D^0 \quad (5—8)$$

所有变量之间不相关或相关性弱，则W_1可以分解为：

其中上标 0 代表基期，上标 1 代表计算期。

根据 Dietzenbacher 和 Los（2000）的研究，对式（5—8）进行进一步分解可知，分解的结果非唯一的，且结果的个数与其因素的个数 n 有关，结果个数为 n！个。根据 Fujimagari（1989）和 Betts（1989）提出的两极分解得出的结果与这些结果极为接近。本书根据两极分解法进行计算。将从第一项分解和从最后一项进行分解的结果进行平均，得到分解结果如下。

$$\Delta W = (\Delta C_1 R_1^1 R_2^1 R_3^1 R_4^1 T_1^1 T_2^1 T_3^1 L^1 M^1 N^1 O^1 S^1 G u^1$$
$$+ \Delta C_1 R_1^0 R_2^0 R_3^0 R_4^0 T_1^0 T_2^0 T_3^0 L^0 M^0 N^0 O^0 S^0 G^0 u^0)/2 + (C_1^0 \Delta R_1 R_2^1 R_3^1 R_4^1 T_1^1 T_2^1 T_3^1 L^1 M^1 N^1 O^1 S^1 G^1 u^1)$$
$$+ C_1^1 \Delta R_1 R_2^0 R_3^0 R_4^0 T_1^0 T_2^0 T_3^0 L^0 M^0 N^0 O^0 S^0 G^0 u^0)/2 + (C_1^0 R_1^0 \Delta R_2 R_3^1 R_4^1 T_1^1 T_2^1 T_3^1 L^1 M^1 N^1 O^1 S^1 G^1 u^1)$$
$$+ C_1^1 R_1^1 \Delta R_2 R_3^0 R_4^0 T_1^0 T_2^0 T_3^0 L^0 M^0 N^0 O^0 S^0 G^0 u^0)/2 + (C_1^0 R_1^0 R_2^0 \Delta R_3 R_4^1 T_1^1 T_2^1 T_3^1 L^1 M^1 N^1 O^1 S^1 G^1 u^1)$$
$$+ C_1^1 R_1^1 R_2^1 \Delta R_3 R_4^0 T_1^0 T_2^0 T_3^0 L^0 M^0 N^0 O^0 S^0 G^0 u^0)/2 + (C_1^0 R_1^0 R_2^0 R_3^0 \Delta R_4 T_1^1 T_2^1 T_3^1 L^1 M^1 N^1 O^1 S^1 G^1 u^1)$$
$$+ C_1^1 R_1^1 R_2^1 R_3^1 \Delta R_4 T_1^0 T_2^0 T_3^0 L^0 M^0 N^0 O^0 S^0 G^0 u^0)/2 + (C_1^0 R_1^0 R_2^0 R_3 R_4^0 \Delta T_1 T_2^1 T_3^1 L^1 M^1 N^1 O^1 S^1 G^1 u^1)$$
$$+ C_1^1 R_1^1 R_2^1 R_3^1 R_4^1 \Delta T_1 T_2^0 T_3^0 L^0 M^0 N^0 O^0 S^0 G^0 u^0)/2 + (C_1^0 R_1^0 R_2^0 R_3^0 R_4^0 T_1^0 \Delta T_2 T_3^1 L^1 M^1 N^1 O^1 S^1 G^1 u^1)$$
$$+ C_1^1 R_1^1 R_2^1 R_3^1 R_4^1 T_1^1 \Delta T_2 T_3^0 L^0 M^0 N^0 O^0 S^0 G^0 u^0)/2 + (C_1^0 R_1^0 R_2^0 R_3^0 R_4^0 T_1^0 T_2^0 \Delta T_3 L^1 M^1 N^1 O^1 S^1 G^1 u^1)$$
$$+ C_1^1 R_1^1 R_2^1 R_3^1 R_4^1 T_1^1 T_2^1 \Delta T_3 L^0 M^0 N^0 O^0 S^0 G^0 u^0)/2 + (C_1^0 R_1^0 R_2^0 R_3^0 R_4^0 T_1^0 T_2^0 T_3^0 \Delta L M^1 N^1 O^1 S^1 G^1 u^1)$$
$$+ C_1^1 R_1^1 R_2^1 R_3^1 R_4^1 T_1^1 T_2^1 T_3^1 \Delta L M^0 N^0 O^0 S^0 G^0 u^0)/2 + (C_1^0 R_1^0 R_2^0 R_3^0 R_4^0 T_1^0 T_2^0 T_3^0 L^0 \Delta M N^1 O^1 S^1 G^1 u^1)$$
$$+ C_1^1 R_1^1 R_2^1 R_3^1 R_4^1 T_1^1 T_2^1 T_3^1 L^1 \Delta M N^0 O^0 S^0 G^0 u^0)/2 + (C_1^0 R_1^0 R_2^0 R_3^0 R_4^0 T_1^0 T_2^0 T_3^0 L^0 M^0 \Delta N O^1 S^1 G^1 u^1)$$
$$+ C_1^1 R_1^1 R_2^1 R_3^1 R_4^1 T_1^1 T_2^1 T_3^1 L^1 M^1 \Delta N O^0 S^0 G^0 u^0)/2 + (C_1^0 R_1^0 R_2^0 R_3^0 R_4^0 T_1^0 T_2^0 T_3^0 L^0 M^0 N^0 \Delta O S^1 G^1 u^1)$$
$$+ C_1^1 R_1^1 R_2^1 R_3^1 R_4^1 T_1^1 T_2^1 T_3^1 L^1 M^1 N^1 \Delta O S^0 G^0 u^0)/2 + (C_1^0 R_1^0 R_2^0 R_3^0 R_4^0 T_1^0 T_2^0 T_3^0 L^0 M^0 N^0 O^0 \Delta S G^1 u^1)$$
$$+ C_1^1 R_1^1 R_2^1 R_3^1 R_4^1 T_1^1 T_2^1 T_3^1 L^1 M^1 N^1 O^1 \Delta S G^0 u^0)/2 + (C_1^0 R_1^0 R_2^0 R_3^0 R_4^0 T_1^0 T_2^0 T_3^0 L^0 M^0 N^0 O^0 S^0 \Delta G u^1)$$
$$+ C_1^1 R_1^1 R_2^1 R_3^1 R_4^1 T_1^1 T_2^1 T_3^1 L^1 M^1 N^1 O^1 S^1 \Delta G u^0)/2$$
$$+ (C_1^0 R_1^0 R_2^0 R_3^0 R_4^0 R_4^0 1 T_2^0 T_3^0 L^0 M^0 N^0 O^0 S^0 G^0 \Delta u + C_1^1 R_1^1 R_2^1 R_3^1 R_4^1 T_1^1 T_2^1 T_3^1 L^1 M^1 N^1 O^1 S^1 G^1 \Delta u)/2$$

$$+(\Delta C_1 E^1 D^1 + \Delta C_2 E^0 D^0)/2 + (C_2^0 \Delta E D^1 + C_2^1 \Delta E D^0)/2 + (C_2^0 E^0 \Delta D + C_2 E^1 \Delta D)/2 \quad (5—9)$$

式（5—9）右边前四项为农业生产效应对用水量的驱动影响，分别为灌溉面积占比、灌溉用水系数、农业生产系数、农业生产结构。第5—7项为电力生产效应对用水的驱动影响，分别为火（核）电发电量占比、电力用水系数、电力生产系数影响。第8项为其他部门用水系数驱动力，第9项为行业技术系数驱动力。第10—13项为最终需求结构对用水的驱动影响，包括最终需求衡量的制造业产业结构、第二层次产业结构、三次产业结构、最终需求结构。第14项为经济总量驱动力，第15项为进口替代影响。第16—18项代表了生活用水驱动效应，分别为生活用水系数、消费水平、居民消费额对用水总量的影响。

（三）结果分析

第一，2002—2007年，用水量增加3.9%，产生减水效应。减少用水总量的因子共10项，根据驱动力值从大到小排序，分别为其他部门用水系数、农业生产系数、三次产业结构、电力生产系数、最终需求结构、灌溉用水系数、消费水平、电力用水系数、最终需求衡量的制造业产业结构和第二层次产业结构。社会经济因素减水效应主要表现为生产技术进步、节水技术进步和产业结构调整，也就是单位用水量能够生产出更多的产品。总的减水驱动力致使2002—2007年用水量减少了3084亿立方米，其减少量是2002年用水总量的56.1%（见图5—2）。

对用水产生增水效应的因子共8项，根据驱动力绝对值从大到小排序，分别为经济总量、进口替代、灌溉面积占比、居民消费额、中间投入技术系数、农业生产结构、生活用水系数、火核电发电比。可以看出经济与社会的发展、农业结构和灌溉增加等是增加用水量的主要因素。这些因素共增加了用水量3300亿立方米，是2002年用水总量的60.0%。

第二，2007—2012年，用水量增加5.4%，产生减水效应。减

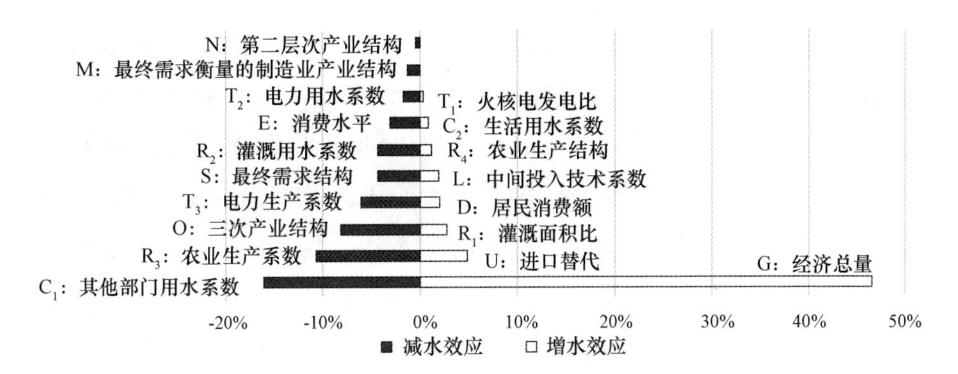

图5—2　2002—2007年驱动效应

资料来源：笔者绘制。

少用水总量的因子共11项，根据驱动力值从大到小排序，分别为农业生产系数、中间投入技术系数、其他部门用水系数、电力用水系数、消费水平、制造业产业结构、灌溉用水系数、最终需求结构，三次产业结构、进口替代、火核电发电比。社会经济因素对总用水量的减水效应主要表现为生产技术进步、节水技术应用和产业结构调整。总的减水效应致使期间用水量减少了2994亿立方米，其减少量是2007年用水总量的52.4%（见图5—3）。

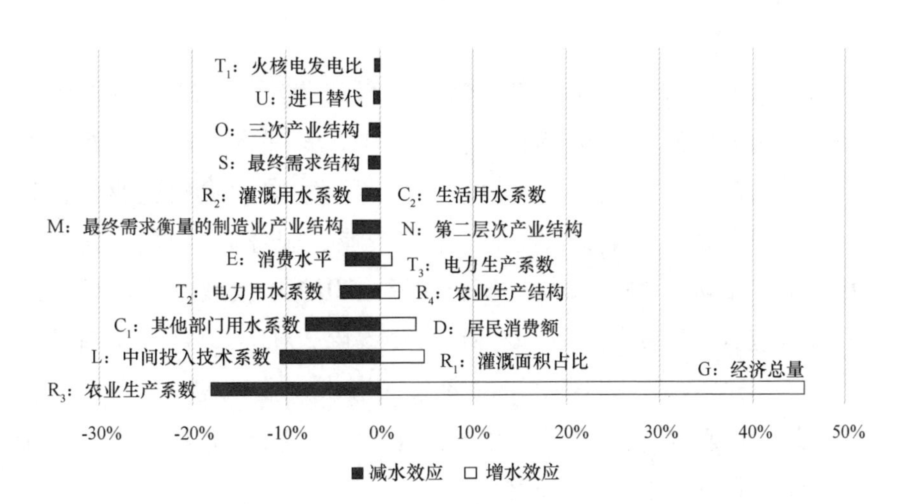

图5—3　2007—2012年驱动效应

资料来源：笔者绘制。

产生增水效应的因子共7项，根据驱动力绝对值从大到小排序分别为经济总量、灌溉面积占比、居民消费额、农业生产结构、电力生产系数、第二层次产业结构和生活用水系数。可以看出经济与社会的发展、农业结构和灌溉增加等是增加用水量的主要因素。这些因素增加了用水量3299亿立方米，是2007年用水总量的57.7%。

第三，两个时间段比较来看，各因素对社会水循环的效应均存在变化。对用水影响较大的因子为经济总量（G）、农业生产系数（R_3）、其他部门用水系数（C_1）三项。说明对用水影响最大的是经济规模，农业生产效率以及部门整体用水效率。经济总量（G）一直是用水的最大驱动因子，产生增水效应，其驱动值占比略有降低（46.6%变为45.5%）。中间投入技术系数（L）驱动力变化较大，在2002—2007年为驱动用水增加的因子（增水1.8%），在2007—2012年变化为驱动用水减少的因子（减水10.6%）。说明行业生产技术进步，或者说产出效率的提高朝更加节水的方向发展，并且正逐步成为重要驱动力。

（四）关键问题判断

第一，发展方式转变主要是指通过宏观调控等方式实现的经济结构的优化和国际贸易的调整。在本书中，发展方式转变包括最终需求衡量的制造业产业结构，第二层次产业结构（除制造业外各产业），第三层次产业结构（农业、第二产业、服务业），最终需求结构和进出口结构。2002—2007年，2007—2012年发展方式转变带来的节水效应分别减少用水9.5%和5.3%，除2002—2007年进口替代（U）产生增水效应，2007—2012年第二层次产业结构（N）产生增水效应外，其他所有因素都产生减水效应，表明经济发展方式的转变有利于促进用水控制（见表5—5）。

研究期内，最终需求结构（居民消费、政府消费、固定资本形成、出口）如表5—4所示。最终需求结构（S）中，固定资本形成的占比不断增加，出口由 2002 年的 16.95% 增长到 2007 年的 26.35%，2012 年减少到 21.96%；政府消费逐渐降低，由 2002 年的 17.48% 降到 2012 年的 9.41%；居民消费由 2002 年的 38.99% 降到 2012 年的 29.05%。研究期内，中国经济增长主要依靠投资和消费，投资和出口的拉动作用逐渐增加。最终需求结构变化具有明显的节水效应，两个时间段内分别减少用水 4.3% 和 1.2%。最终消费比例的下降有利于节水。

最终需求中，三次产业结构变化（O）主要表现为第一产业和第三产业占比的减少，第二产业占比的增加。2002 年、2007 年和 2012 年最终需求三次产业比例分别为 9.3：55.8：34.9、5.1：62.4：32.5、4.1：62.1：33.8，这种结构变化有利于减少用水量。两个时间段内分别减少用水 8.1% 和 1.1%。2002—2007 年，三次产业结构变化显著，其节水效应也较明显。

表 5—4　　最终需求结构　　单位：%

年份	最终需求结构（S）				最终需求内三次产业结构（O）		
	居民消费	政府消费	固定资本	出口	第一产业	第二产业	第三产业
2002	38.99	17.48	26.58	16.95	9.3	55.8	34.9
2007	29.43	11.02	33.20	26.35	5.1	62.4	32.5
2012	29.05	9.41	39.59	21.96	4.1	62.1	33.8

表 5—5　　最终需求中二、三产业内结构（N）　　单位：%

年份	第二产业				第三产业		
	采掘业	制造业及其他	电力热力生产供应	建筑业	交通仓储邮电	批发零售住宿餐饮	非物质生产部门
2002	1.60	59.40	1.58	37.42	2.7	15.85	81.45
2007	0.41	68.78	1.19	29.61	4.52	22.04	73.43
2012	0.18	68.98	0.77	30.07	7.78	17.49	74.73

最终需求中制造业结构（M）变化使用水量分别减少 1.3% 和

2.9%。制造业结构中占比较大且有增加趋势的产业有通用专用设备制造业、交通运输设备制造业和电气等低耗水产业，而占比较大且有减少趋势的产业有食品制造及烟草加工业、纺织业、服装业和化学工业等耗水量较高的产业。由此可见，制造业产业结构调整正逐步减少耗水产业比例，增加节水产业比例，制造业结构变化产生节水效应。

第二，在粮食生产领域，2002—2007 年、2007—2012 年种植业节水效应使用水总量分别减少 11.1% 和 13%。其中，农业生产系数和灌溉用水系数产生减水效应，灌溉面积占比和农业生产结构产生增水效应。农业生产系数（万元产值占用耕地数量）对用水量的影响分别是减少 10.6% 和 18.0%，灌溉用水系数对用水量的影响分别减少 4.3% 和 1.8%。

农业生产结构调整（种植业产出比例增加）以及灌溉面积占比的增加使粮食产量提高，也带来用水的增加。2002—2007 年、2007—2012 年农业粮食产量分别增加 9.7% 和 17.6%，主要是通过扩大种植业面积，增加灌溉面积，提高农业生产效率实现。农业技术进步抵消以上增加用水的驱动力，实现减水效应。农业生产系数和灌溉用水系数分别代表了农业生产技术进步和农业节水技术进步。随着抗旱育苗技术、农业生产技术的提高和农田水利设施的不断完善，中国农业生产效率不断提高。同时，中国传统农业生产比较粗放的用水方式，通过节水技术、抗旱保墒等方式实现了农业用水效率的提高（见表 5—6）。

表 5—6　　农业生产技术参数

	粮食产量（万吨）	灌溉面积占比（%）	灌溉用水系数（立方米/亩）	种植业生产系数（万元/亩）	农业生产结构种植业占比（%）
2002 年	45711	45.3	402	0.107	49.4
2007 年	50150	47.4	375	0.127	50.4
2012 年	58957	51.3	363	0.174	52.5

注：灌溉用水系数根据实际灌溉面积和灌溉用水量确定，数据来自《中国统计年鉴》，小于《水资源公报》的数值；此处种植业生产系数与前文矩阵计算中值互为倒数。

由此可见，农业生产技术进步是影响用水量的重要因素之一。农业通过扩大生产规模、提高产量的同时，提高了生产效率和用水效率，从而实现整体用水效率的提高。

第三，在能源产业发展领域，2002—2007 年、2007—2012 年电力生产节水效应使用水总量分别减少 9.0% 和 3.5%。其中，火电、核电用水系数使用水量减少。

第二、第三产业用水的主要是火电、核电用水，二者用水总量占工业用水总量的 30% 以上。2012 年火电、核电发电量为 39528 亿千瓦时，是 2002 年的 2.8 倍左右（见表 5—7）。

表 5—7　　电力行业技术参数

	总发电量（亿千瓦时）	火核电发电量（亿千瓦时）	火核电发电比（%）	电力价格系数（元/千瓦时）	电力用水系数（立方米/千瓦时）
2002 年	16540	13632.7	0.82	0.56	0.027
2007 年	32777.2	27850.6	0.85	1.00	0.018
2012 年	49377.7	39902	0.80	0.87	0.011

注：此处电力价格系数为前文矩阵计算中值的倒数。

2002 年、2007 年、2012 年，电力单位产值（电力产值/发电量）分别为 0.564、0.997 和 0.871，2002—2007 年、2007—2012 年电力生产系数对用水的影响分别为减少 6.1% 和增加 1.2%，说明电力单位产值的提高可以减少用水量，而电力单位产值的降低，会增加用水量。火电、核电发电占比在 2002—2007 年、2007—2012 年由增水作用变为减水作用，其对用水量的影响分别为增加 0.2% 和减少 0.5%。可见，火电、核电结构规模提高，产生增水效应，相反，火电、核电比例下降，会产生节水效应。

水是电力生产过程中的良好热传导体，主要用于冷却，不是必需的消耗品。所以，尽管经济发展带来的最终需求增多，对电力的需求迅速增加，但是随着电力部门循环利用和节水技术的提升，电力行业的整体用水效率不断提高，电力用水增加平稳，并没有随发电量的增加而快速增加。

第四，在居民生活用水方面，2002—2007 年、2007—2012 年，生活用水影响因素对用水量的影响分别为增加用水 1.1% 和 0.3%。其中，居民消费额是驱动用水增长的主要因素，因居民消费额的增长与人口增加密切相关，所以也可以看作是人口增加带来的影响。2002—2007 年、2007—2012 年分别增加用水 1.9% 和 3.8%，其影响呈现逐渐增加的趋势。

消费水平是驱动用水减少的主要因素，说明随着收入水平的提高，生活节水作用逐渐显现，2002—2007 年、2007—2012 年分别减少用水 1.7% 和 3.6%。生活用水系数，即人均生活用水量，对总用水量的影响较小，2002—2007 年、2007—2012 年分别增加用水 0.9% 和 0.1%，呈现降低的增长趋势。

三　基于定量分析的关键问题判断

根据以上定量分析，可以看出协同安全视野水资源管理制度有以下七个关键问题。

第一，未来用水的趋势。未来用水的基本趋势可以总结为以下五个方面。一是家庭生活用水增加，即使在家庭生活节水器具逐步完善的情况下，家庭生活用水的总量仍然会大幅度增加。这一部分是由于生活水平提高而导致的用水需求增加，另外一部分是由于新型城镇化造成的用水量增加。二是生态需水越来越多，虽然定量分析中没有加入生态用水，但是从家庭生活用水与生态用水的共同趋势来看，生态用水的需求非常大。三是火电、核电用水不会大幅度降低，这一方面是由于电力需求的增加，另一方面是由于用水机制没有实质变化。四是工业用水将会降低，除火电、核电用水之外，其他工业用水总量将会降低，一方面是产业结构更为优化，另一方面是随着“一带一路”倡议的推动，高耗水的产业将会逐步改为进口替代。五是农业用水将会降低。这主要是由于农业生产技术的大幅提高、农村改革的红利释放和农业节水技术的大幅度提高共同促进的。

第二，保障粮食安全方面，农业的节水效率并不高。虽然中国粮食产量逐步增加，农业用水逐步下降，但是从结构分解的结果来看，这种现象的主要驱动力是农业生产技术的提高，真正的农业节水的驱动力（亩均灌溉水量）只有农业生产技术提高的1/6。灌溉用地的增加以及农业生产结构的调整，抵消了农业节水驱动的用水降低。可以看出，农业实际节水效率的潜力仍然比较大；粮食主产区的总体用水效率较低，并且增长的趋势不明显。

第三，保障能源安全方面，火电、核电的节水效率相对较好。从定量分析来看，火电、核电的节水效率使用水减少的驱动力相对较高，并且其能源结构和生产技术提升都呈现较为理想的水平。

第四，保障经济安全方面，其他行业（除农业和电力行业外）的节水水平呈现较为理想的减水效应，另外，产业结构调整的减水效应也非常不错。可以看出，随着中国经济的发展，以新兴制造业和生产型服务业为主的产业结构，其用水相对于传统行业更少，在这个层面上，水资源可能不是其主要制约因素。

第五，保障居民生活用水方面，随着城镇化和经济发展，人均居民生活用水量将会提高，整体的居民生活用水量将会提高。随着生活水平的提高，不但对水量有要求，而且对水质也有更高的要求。

第六，保障生态安全方面，对于一个区域来说，在水资源总量一定的情况下，水资源开发利用量越少，对于生态来说越有好处。因此，目前水资源开发利用量相对平稳且有降低的趋势，这对生态安全来说是利好的可能。

第七，就协同安全总体来说，一是中国水危机情况不容乐观，且由于内外情况的变化，保障粮食和能源安全的形势不容乐观，在新形势下，在协同安全总体情况下，水危机仍然有恶化的可能。二是解决中国水危机的关键在于提高农业的节水效率。从目前来看，中国农业节水效率仍存在极大的提升空间。在保障粮食生产的前提下，生态系统和生活用水需求的增加，使得农业节水十分迫切。三是分区域来看，由于北方地区承载粮食生产、能源产业发展的任务较多，同时北方地区水资源匮乏（仅占中国水资源总量的约19%），未来水安全的重点区域是北方地区，其关键问题是水—能源—粮食—生态协调。四是经济安全整体上问题不突出，但北方地区由于产业的基础性和水危机的严峻性，由北方水危机传导至危害全国经济安全的可能性仍然很大。

第三节　协同安全视野下中国水资源管理制度存在的问题

一　水资源管理制度存在的主要问题

（一）国家安全的水资源保障与水危机应对缺少系统性考量

从保障制度和危机应对制度的分析来看，国家安全从国家宏观规划出发，到各个分项的规划，再到水资源保障的相关规划。至于这些分项的保障是否超出水资源和水资源的承载力，超出之后是否会引发水危机，进而引发更大的危机，这些在相关规划中都没有考虑。对于已出现的水危机的问题，仍然是出台相关规划和对策措施进行末端治理。从整体上来说，国家安全的水资源保障与水危机应对缺少系统性考量。

（二）子安全水资源需求缺少灵活调控机制

中国水资源开发利用率较高的区域是承担协同安全任务较多的区域，有效保障粮食生产、能源产业发展的区域都是大量消耗水资源的区域。东北地区、西北地区、华北地区都是承担粮食安全、能源安全主要任务的区域，但这些也是中国北方水资源严重匮乏的区域。由于耕地、能源与水资源分布不匹配，导致这些区域的水危机非常严重，生态安全也成为必须要考虑的内容。子安全之间需要水资源的工程和非工程措施的保障，但是子安全之间缺少灵活的调控机制，使得水资源保障在时间和空间上缺少效率。

（三）市场机制缺失

在协同安全方面，以依靠工程措施为主，以依靠非工程措施为辅；在非工程措施中，主要是依靠行政命令。市场机制在调控水资源的保障过程中缺位，这主要有两个方面的原因。第一，在水资源管理中，水市场发育不完善，难以形成效用。第二，市场追求效益，大部分协同安全是公共服务的内容，其效率和效益可能不高。市场化不是水市场配置的方向，但是缺失了市场机制，效率和效益的提高需要政府的大量投入。因此，水市场的培育对于解决目前的保障问题仍然至关重要。

（四）缺乏对水安全、能源安全和粮食安全的统一考量

在国家规划层面，保障粮食安全考虑了水资源的约束情况，保障能源安全也考虑了水资源的约束情况，但这些考量既不充分，又是静态的，缺乏对水安全、能源安全和粮食安全的统一规划。在中国的实际淡水取用量中，农业生产取用约占60%以上（其中灌溉用水占绝大多数），工业中能源生产占绝大部分（火电、核电取水约占40%，煤炭、石油的生产和加工行业都需要大量用水和耗水）。基本上，能源和粮食就占了用水的80%左右，因此在规划中，亟须在国家层面对这三者进行统一考量，部门式的分割保障，缺乏互动，将导致水资源需求的无限增加。

（五）水权管理制度缺乏有效激励

《指导水权制度实施意见》提出了指导性的意见，但同时提出了诸多限制。这些限制有一定的稳定性方面的考量，但在效率上却面

临诸多问题。一是建立水权交易平台，这明显增加了交易成本和降低了交易实效。二是灌溉用水不能向其他行业交易，只能灌溉用水内部交易，或者其他行业内部交易，这种制度显然缺乏效率。最有效的节水激励就是农民转移出用水权的同时收入不降低，最好是显著增加。将节约的灌溉用水进行交易，是增加农民收入，形成双向激励的最有效机制，也是农民分享经济红利的最好措施。

（六）静态的水资源评价忽略了环境变化

水资源调查评价是各个水资源规划的基础。水资源调查评价用的是静态的评价，数据是多年平均，也是还原的。这种评价得出的结果与事实有较大的差异，忽略了气候变化等外部变化的因素。这种差异主要来自评价制度的理论假设。一是假定用水对水循环没有影响。所有用到还原的方法，都是将用水加总到径流的实测量上去。二是假定水循环和承载系统是一定的，变化的是降雨，因此才用多年平均数据计算水资源量，并将其作为规划的基础。在气候变化和人类活动剧烈的影响下，这种水资源调查评价方法已经滞后于实际需要。例如，在安全开采量的范围内开采地下水，也经常会造成地下水位剧烈下降的情况。在应对气候变化中，这种缺乏机动性的静态评价更是难以应对。

（七）地下水排污危害协同安全

地下水污染是一个严峻的问题，根据水利部2016年1月《地下水动态月报》显示，全国地下水普遍水质较差。具体来看，水利部于2015年对分布于松辽平原、黄淮海平原、山西及西北地区盆地和平原、江汉平原的2103眼地下水水井进行了监测，监测结果显示：Ⅳ类水水井为691个，占32.9%；Ⅴ类水水井为994个，占47.3%，两者合计占比为80.2%。

（八）水功能区达标率平均化

在三条红线中，水功能区达标率使用的是平均后的百分比，没有反映民众对不同水功能区达标情况的需求。且不达标的功能区往往位于与民众生活密切相关的区域，而这些区域对水质需求更强烈。对此，应先限定这些功能区达标，以满足日益增长的民众对价值和标准的需求。

（九）地方政府考核和红线繁杂

在实际的管理上，地方的红线太多，考核太多，事务太多，特别是中部省份，既面临经济高发展的需求，又必须保障粮食生产、能源产业发展。这两个保障需要大量投入水资源，面源污染使水资源的质量和效率不能得到有效提高。多条考核，多条红线下必定出现权衡，往往牺牲的是当地生态。

二　水资源管理体制的问题

（一）部门管理之间的关系方面

在水资源管理体制上，中国基本上形成了水资源统一管理的架构，水行政主管部门作为统一管理机构。在部门职责上，水利部门更偏重于水资源的开发、利用、节约与保护上的监督管理。

在 2018 年机构调整之前，水质管理上主要涉及的部门有水利部门、环保部门和卫生部门。这种分权交叉的管理模式并不是中国水环境出现大问题的主要原因，反而是供水水质问题威胁到供水安全的“防火墙”。在水质（水环境）的管理上，水利部门主要通过水功能区进行管理，这种管理的思路是根据水体服务的功能将水体分为若干个功能区，并根据水质要求对功能区提出纳污能力的要求。在跨省河流和国务院确定的重要江河、湖泊上，由流域机构的水资源保护部门负责管理。这种管理模式的主要目的是保障供水安全。

生态环境部门是水污染防治的主管机构，但由于中国是纵向的环保机构设置，地方环保部门向地方政府负责，环保部没有派出的流域机构，不能进行流域水质综合管理。此外，由于水量调控对水质有很大影响，所以部门之间的协调成为关键。

（二）流域管理与区域管理的关系方面

在中国水资源管理体系中，流域机构是水利部的派出机构，行使水利部赋予的权利。流域机构主要是从流域层面协调省级行政区的水资源分配。在流域和区域管理的关系上，流域管理机构获取整体流域的信息，与上级信息共享，在整个流域管理上具有较小的制度成本（沈大军，2009），是统一和协调跨行政边界管理的一种制度安排。相对区域管理而言，流域管理的制度设计改变了区域管理的信息处理方式。不同于区域管理的信息处理方式，流域管理在区域以上的流域层次增加了一层信息处理和交流的机制。

在流域管理上，主要有以下两个方面的问题。一是其为水行政的延伸，流域机构的权力来自中国水行政主管部门的授权，在水资源管理中只能够进行水资源量的管理。二是流域机构的事权有限，不利于主动的水资源管理。流域是水文单元，流域内的人类活动对水循环造成很大的影响，进而影响水资源的时空分布。目前流域事权单一，不利于通过全面的规划维系良好的水资源系统。在水资源规划中，被动依靠静态的流域水资源评价，管理思路静态、被动。

三　水资源管理机制的问题

（一）行政命令式的管理机制

中国水资源管理上主要依靠政府，市场和社会力量存在一定的缺失。中国水权制度的实质是“配给制”，是从上到下的一层层配给。中央向各省份配给，省级向地级配给，地级向县级配给。配给的手段为现行法律法规中所规定的水资源综合规划、水中长期供水规划、水量分配方案以及年度水量分配方案和调度计划等制度（沈大军，2009）。在中观层面，通过取水许可制度实现区域水量向取水权的分配。在微观层面上，则由灌区向区域的农户进行分配；公用用水企业向用户供水。在用水末端上，由于历史的原因，大多灌区也具有一定的机构性质，供水企业也多是国有企业、国有控股企业和事业单位。

在部门设置上，就水资源管理而言，各级水利部门更像是计划经济时期垂直配给的经济部门。在微观上，由于国家所有、集体使用的水权制度设计，上下一致强调利用市场和水价的方式去调节节水，并设计微观层面的水权制度和农业水价制度。这种设计实施起来具有较高的制度成本，水权制度难以有效降低灌溉用水总量，达到节水的目的，水价制度则能够降低灌溉用水总量（Tianhe Sun 等，2016）。此外一些领域行政命令式的模式难以有效监管，例如在公共水体水质、入户水质问题这些涉及公共服务的方面。

（二）市场机制发育滞后于协同安全的实际需要

一是自然的不确定性，二是制度的不确定性，这两方面都使得市场机制难以发挥有效作用，造成安全保障方面“政府失灵”和“市场失灵”的双失灵局面。因此，政府在政策制定上应把握好问题的实质，充分发挥市场作用。

（三）社会管理的缺失滞后于协同安全的实际需要

政府、市场、社会三方面构成管理的稳态。中国社区和农村本质上是熟人社会，在水的社会管理方面滞后于实际管理的需要。

在中国水权和农业水价改革实践中，面临高昂的交易成本问题（Chang 和 Liu，2010），村集体领导和农民的改革积极性不高。一些试点设计了“提高水价—提高补贴”的“双赢（Win-Win）”地下水用水制度。该制度如下：农民取用地下水需要交两部分水费，一是改革之前的原始水费，二是改革之后的水费。第一部分水费由电力公司和村委会征收；第二部分交给村集体并存入银行，于将来与政府的补助一起发放给农户。用水越少，补贴越高。

该制度忽略了土地之间的异质性，灌溉的多少不代表节水程度，水土条件好的自然灌溉少，水土条件差的自然就灌溉多，正常情况下，水土条件较好的农户获得的补贴较多，这导致了新的不公平。

四　在满足国家安全新形势要求方面的问题

新形势下，协同安全的广度和深度不断深化。在广度上，最突出的表现是国家安全不再局限于传统的国家安全，非常广泛的非传统安全范畴都需要国家安全；在深度上，最突出的表现是国家安全的影响路径不断深化和复杂化，一个局部突发小事件都有可能经过不断酝酿、发酵和复杂作用形成危害国家安全的政治性事件。

现有水资源管理制度只是在20世纪90年代初的设计基础上，增加了生态保障的内容，且保障生态的机制还未成熟。近30年来，安全的内涵和外延不断深化，但水资源管理制度对国家安全的保障机制严重滞后，这主要体现在以下三个方面。

（一）难以满足新形势下国家安全广度的要求

在具体的国家安全制度安排上，水资源管理制度难以满足国家安全广度的要求。在新形势下，国家安全的内涵不断扩展，而现有的水资源管理制度多注重对发展安全的保障。

在危机的消解机制中，缺乏对现有水危机具体问题和传导机制的有效判断。在具体的制度安排上，缺乏对新形势的科学判断，在具体保障和危机的消解上也出现了偏差和滞后。

（二）难以满足新形势下国家安全深度的要求

新形势下协同安全呈现不断深化的趋势，一是保障路径深度不断深化，二是危机传导不断深化。但水资源管理制度仍从国家行政配置的角度出发，进行层级分配，明显滞后于国家安全深度的实际需要。在危机传导深化的现实下，中国的水环境管理和水的系统内管理滞后于危机传导深度。

（三）现有水资源管理制度难以消解水危机对国家安全的危害

现有的水资源管理制度难以有效消解水危机向其他领域的传导。

在某种意义上说，水危机是不合理的水资源管理制度造成的。不合理的开发利用是水危机的直接动力，水资源管理制度是规范人类开发、利用和保护的根本规则。水资源管理制度的设计、规范和执行越好，水危机也就越难出现。

在现实社会，由于国家发展的千差万别，政策制定者需要取舍，追赶型国家很可能在某一个阶段以牺牲资源、环境、生态为代价，换来经济的快速发展，在此过程中，难免会出现水危机。这种发展的取舍体现在水资源管理上是管理制度的取舍，水资源管理制度多侧重对发展需求的保障，忽略可能出现的水危机。

如果说水危机的出现是带有取舍色彩的制度的故意缺失，那么规避水危机向国家安全的传导则是水资源管理制度的过失。这既有体制、机制、具体制度的缺失，也有对国家安全形势判断出现的偏差，忽略了新形势下国家安全出现的新变化。这也是传导机制研究的缺失。在这种情况下，局部的水危机有可能经过酝酿、发酵、演变成为国家危机。

无论是水资源对国家安全的保障，还是水危机对国家安全的消解，现有水资源管理制度在一定程度上，忽略了国家安全的层次性和复杂性。在这方面，一个重要的表现就是对资源、环境条件好的地区不断加码、定任务，所有的保障内容都以考核的形式对地方进行，所有的保障内容以同等重要的指标的形式下发，地方面对协同安全保障时只能尽可能地消耗水资源、水环境、水生态。这种对协同安全层次性和复杂性的忽略，将对地方的水资源、水环境、水生态造成危害，形成水危机。

第 六 章

水资源协同安全管理制度体系构建

第一节　水资源协同安全管理制度体系目标和任务

一　水资源协同安全管理的价值目标

（一）最严格水资源管理制度内含价值目标

用水总量对应水的资源管理；纳污能力总量对应的是水的环境管理；用水效率对应的是水的系统内管理。考核制度保障地方严格贯彻实施。在实现价值目标上，体现了区域公平、代际公平和系统间公平；在协同安全方面，区域公平保障了生态安全、经济安全、社会安全和政治安全，代际公平保障了国家的可持续发展，系统间公平保障了国土安全和国民安全。

（二）水资源统一管理制度要求价值目标

水资源统一管理制度是国际水伙伴组织提出的综合管理制度，在实现价值目标上是经济效率、社会公正和生态可持续。在协同安全上，经济效率保障了经济安全，社会公正保障了社会安全，生态可持续保障了生态安全。

（三）水资源协同安全管理制度价值目标

在协同安全视野下，水资源管理制度应该实现的价值目标包括对传统国家安全和非传统国家安全的共同保障。由于威胁国民安全的敏感性，水危机容易形成三个跳跃点，从而演变成“威胁”社会安全和政治安全的情况。因此要改进水资源管理制度在国家安全上的不足，形成既保障传统国家安全，又保障非传统国家安全的目标。体现在价值上，是将公平、公正保障人的生存、生活、健康、发展并融合经济效率、社会公正、生态可持续、国家安全四个维度。

二　水资源管理协同安全制度体系设计目标

（一）对传统安全的持续保障

综合利用政府、市场、社会管理机制保障国家传统安全，形成以政府为主导，以市场、社会管理为辅助的综合保障机制。在具体目标上，体现为保障粮食安全，保障农村社会稳定，保障农民增收，保障能源持续安全供给，保障国土质量向好，保障边疆经济发展和社会稳定，保障涉水的军事安全，保障涉及国际水体的主权和领土完整，保障经济安全，保障城镇化有序推进。

（二）对非传统安全保障的提升

在具体目标上，体现为保障水体质量总体向好，保障与人类生活密切相关水体质量清洁无害，保障入户水质切实安全，保障农村饮用水长期水量和水质安全，保障涉水问题不影响社会稳定和政治稳定，保障符合持续提升的美好生活需求，保障符合国家信息安全、科技安全的要求，保障水量和水质符合生态系统的要求，保障水量和水质符合国家应对气候变化的要求。水资源管理制度改革符合国家应对各类危机的要求，符合国家生态文明体制机制改革的要求。

（三）应对风险向传统国家安全领域传导

水资源管理制度设计能够应对气候变化下的水量风险、水质风险、水生态风险和水资源不可持续的风险。同时，水资源管理制度设计能够应对水风险向粮食生产的传递、向能源产业发展的传递、向国土安全的传递、向政治安全的传递和向经济安全的传递。

（四）应对风险向非传统国家安全领域传导

水资源管理制度设计能够应对水危机的初步形成，能够应对水危机危害国民安全的第一个跳跃点的形成，能够应对威胁国民安全向威胁社会安全转变的第二个跳跃点的形成，能够应对威胁社会安全向威胁政治安全的第三个跳跃点的形成。水资源管理制度设计能够保障制度的公平、正义，避免因为制度缺陷威胁社会安全和政治安全。

三 水资源协同安全管理目标

（一）农业及粮食目标

水资源制度体系涉及粮食安全、农业稳定、农民收入增加、水资源利用效率的提升和水权，保障农村饮水水质、降低面源污染。

一是维持现有的粮食生产能力。以 2015 年的粮食生产能力为基准，有序运用市场机制推进粮食价格改革，有序增加粮食进口比重，在保留基准生产能力的基础上，不再将增加粮食产量作为硬性要求，不再对此进行考核。

二是以提高农民收入为最终目的。充分认识种粮收入在农民总收入中所占的比重，充分认识农民种粮的机会成本，分类有序地推进以提高农民收入为最终目的的农业发展模式、路径。在上述背景下，提高农业用水效率应该采用的模式和措施。

三是节约用水与增加收入相结合。改变现有提高水资源利用效率的运作模式，使提高水资源利用效率与增加农民收入、提高农民积极性相结合，在节水的同时也有效地提高农民收入。

四是不损害水资源集体使用权。《水法》规定的集体使用权不能受到各种形式的损害，但由水循环的路径来看，这种集体使用权难以得到保障。在上游拦水、附近地下水开采等情况使集体使用的水体受到侵害，因此在区域新增加取水许可时，应该不损害水资源集体使用权，或者对其进行补偿。

五是面源污染在可控范围之内。要形成面源控制的市场机制和社会管理机制，使农民在投入少量劳动、少量资本和少量化肥农药的情况下增加收入；不对行为进行硬性规定，提出可供民众选择的多个方案，引导面源污染在源头得到治理。

（二）工业及能源安全目标

设计的目标有利于中国经济发展，保障中国各个行业经济发展的需求和“调结构，改方式”的发展需要；保障中国能源生产能力，使其达到安全水平，工业点源污染得到有效控制。

（三）城镇化供水目标

该目标满足高标准水质需求目标和日益提升的供水水质需求；满足符合中国资源安全、科技安全、信息需求的入户水质；满足快速城镇化对水资源量的需求。反过来要求“以水定城”，不要盲目地在缺水地区推进不符合实际的城镇化，使区域城镇人口符合水资源承载力的要求。

（四）农村饮水目标

该目标将农村饮水安全放到优先于粮食生产的地位。农村饮水安全是事关人的安全的突出方面，处于第二跳跃点和第三跳跃点之间的位置。没有农村饮水安全，全面建成小康社会的目标难以实现。农村饮水安全目标是到2025年，全国农村基本实现集中供水，入户水质应达到1985年自来水标准。

（五）应对紧急情况目标

该目标用于应对气候变化和局部区域水资源量剧烈减少的可能，完善国家紧急情况水资源调度机制，建立健全多维度、长时间系列区域水资源剧烈减少应对机制。该目标也用于应对极端天气和局部地区极端天气的可能和突发事件，例如应对突发水污染事件和干旱的保障，使突发水污染和干旱不影响到国民安全，不进一步影响社会安全和政治安全。该目标还用于应对新形势下的涉水意识形态问题，把握水危机领域的突出问题，防止事态进一步恶化，既提出治本的远景机制，又提出治标的近期机制。

四　水资源协同安全管理任务

在协同安全视野下，水资源协同安全管理的基本任务是进一步有力保障传统国家安全，即有力保障国土安全、军事安全、经济安全、粮食生产、能源产业发展等；升级任务是有效保障非传统国家安全，如国民安全、社会安全、政治安全等。这要求现有水资源管理制度体系在体制、机制、制度、组织实施、保障措施等多个方面进行调整，以适应新形势下水资源协同安全管理的要求。

第二节　应对措施及制度体系框架

一　协同安全视野下水资源管理对策

（一）在全国层面制定水资源和水环境全面向好的目标

水资源和水环境全面向好的目标，不是部分方面或者部分区域的水资源和水环境向好，而是全国各区域的水资源和水环境的各个领域的全面向好；既包括水资源对传统国家安全的有效保障，又包括对非传统国家安全的保障能力的有效提升。这首先要求从国家层面制定相关规划或者实施方案，特别是在生态文明建设的相关规划中，加强国家安全视野下水资源管理的顶层设计。其次要求国家相关部门在制定相关规划时明确水资源和水环境全面向好的规划设计以及目标设计，并制定专门的规划。最后，在各流域和各区域确保全面向好的目标落实措施以及相关配套的政策考核。

（二）解决风险的重大问题

首先充分认识到危害协同安全的最大风险一定是与人的安全最直接的问题，并且有上升到威胁社会安全和政治安全的可能。其次，转变工作思路，将对城乡饮用水安全的保障作为水供求规划的首要内容。再次，将威胁城乡饮用水安全的重大问题放在国家层面进行统筹考虑，形成合力，共同解决。最后，形成防止上升为社会危机，进而上升为政治危机的机制，避免危机升级跳跃点的形成。

（三）完善水资源管理的体制

从体制上来说，水资源管理亟须在以下两个方面进一步完善。第一，完善中央—地方水资源管理体制。分析表明，中央和地方在水资源的管理上存在不同的诉求，因此要完善中央—地方水资源管理的体制。严格按照“党政同责、一岗双责、终身追责”的思路，建立水资源和水环境治理地方党委书记和政府领导双负责制。按照中央和地方税收比例，划分水资源和水环境投入责任；根据中央和地方政策造成的影响，划分污染治理责任。第二，完善流域管理体制。目前流域水资源管理主要体现为对干流水资源量的管理，在水环境管理、地下水管理、流域层面发展等方面职能缺失，已严重落后于协同安全视野下水资源管理的实际需要，有必要对流域水资源管理进一步完善。

（四）培育水资源管理的“第三条道路”

资源管理的“第三条道路”是解决资源“公地问题”的重要途径。“第三条道路”是在政府、市场之外，通过社会进行管理的机制，在实际的资源管理中被证明是非常有效的管理机制。在水资源管理的实际中，对于相对微观又难以利用市场机制进行解决的，应该利用社会管理的机制进行管理。目前在水资源管理上，存在用水户组织等社会管理组织。在保障城乡饮用水安全方面，急需水资源社会管理机制的创新，保障供水量和水质的要求得到满足。

（五）协调水资源管理中政府、市场和社会的作用机制

自然资源资产管理的改革将协调政府和市场的作用机制作为重要方向。在健全国家自然资源资产管理上，强化国土资源部门规划、资产核算、使用许可等职能；进一步完善水资源公益性与非公益性资产核算、行政许可、有偿使用和交易等相关制度，区别制定水资源利用的整体规划。由生态环境部门负责所有涉及水生态、水环境保护的事务，包括水环境和水生态保护的标准、规划、监测及其他相关制度等；慎重确定国家发改委负责的环境与发展综合协调的责任，在全国发展规划中贯彻水生态文明的要求，将水资源和水环境保护作为硬约束。在加强政府监管、加大财政投入和政策支持力度的同时，培育与维护水资源和水环境市场发展，引入市场和社会机制，将公众参与机制扩大到全方位的社会管理的机制上。

（六）加强水资源系统内的管理

水的系统内管理作用到用水末端的实际管理，政府、市场和社会都有涉及。要加强水服务管制，在出厂水质、入户水质等方面加强管制。

本节对接上述目标和任务，提出相应的措施，并为以后的体系框架制定打下基础。在宏观的水资源协同安全方向上，主要是水资

源量的保障，包括供水量的安全、粮食生产、能源安全、经济安全等各个协同安全子内容。因此，有必要在宏观方向上，对水资源协同安全的内容进行拓展和扩张，使其更符合总体国家安全观的要求。

在水资源风险方面，传统的认识主要重视物理风险，忽视社会风险。因此，在风险的应对过程中，应该基于传统物理风险评估增加对社会风险的评估。其中在水资源风险上，传统的水资源评价方法需要完善，使得静态的水资源评价结果能够用于相对环境变化。在社会风险评价上，应该基于物理风险的基础防止风险传导的三个跳跃点产生。

在关系到人的安全方面，自来水入户水质问题是作用机制的问题，是行政—市场—社会作用机制偏差及无效造成的。因此，在体制、机制方面要建立健全优化水环境的有效管理体制和保障供水水质的有效机制。

二　水资源协同安全管理制度体系方案

水资源协同安全管理制度体系首先要贯彻“节水优先、空间均衡、系统治理、两手发力”的新治水方针，在搭建框架时，从规划设定、机制、体制、具体制度、保障措施五个大的方面进行设计。具体来说，一个统一规划、三个机制并重、三个体制改革、九个具体制度设计、四个保障措施，简称为“13394”制度体系。

一个统一规划，即《国家水安全中长期综合规划》，“以水定城、以水定地、以水定人、以水定产”，由国家安全委员会牵头，确保该规划优先于城市总体规划、国土空间规划、水污染防治规划和国家主体功能区规划的地位；提出应对水危机的中长期路线和时间表，确保水资源管理制度能够从改变自然、征服自然，向调整人民行为、纠正人民错误行为转变。

三个机制并重，即行政机制、市场机制、社会管理机制共同作用于具体的水资源管理。三个机制互有分工、互有配合，总的来说，行政机制主要作用于宏观的水资源配置和水环境管理，市场机制主要作用于水资源和水环境的市场行为，社会管理机制主要作用于与人的安全直接相关的水资源和水环境的领域。

三个体制改革，是指在密切配合三个机制有效作用的基础上，对现有的水资源管理制度体系中“强大的行政机制、弱小的市场机制、几乎没有的社会管理机制”进行体制改革，主要是国家层面部门之间、中央—地方事权划分、流域管理—区域管理改革。在体制改革中，释放应该由市场机制和社会管理机制管理的领域。

九个具体制度设计包括：水资源资产化及水市场制度体系设计、强化的水资源节约制度、水资源环境承载力预警制度、资源环境统一规划制度、区域差异管理制度、水环境治理制度、经济安全的制度保障、绩效考核和责任追究制度、水资源社会管理制度。

四个保障措施，分别从组织、法律、人才、教育四个方面进行设计。

第三节　水资源管理体制

水资源管理体制改革目的在于形成一件事情由一个部门负责的体制，在水的资源、环境和服务方面形成有效的中央—地方事权、财权以及考核的体制。由于水的流域管理性质，还要有效划分流域管理与区域管理。

一　国家总体层面

在国家层面上，需要在生态文明体制改革的框架下把水的资源、环境和服务部门之间的职责划分清楚。

（一）设立国家资源与规划委员会（所有者）

在国家层面上，通过设置国家资源环境与规划委员会，统筹国家和省级层面的主体功能区规划。国家水行政主管部门制定国家和省级以及重要流域水资源领域规划和水资源保护规划，环境保护主管部门制定水污染防治规划，国家土地资源部门制定土地方面的规划以及相关部门制定矿藏、水流、森林、山岭、草原、荒地、海域、滩涂、能源、粮食等开发、利用和保护的相关规划。将水资源和水环境协同安全规划作为该部门的重要职能，在顶层设计中将影响协同安全的水资源、环境和服务等问题有效解决。

该委员会是国家层面的自然资源资产产权的所有权的统一行使机构，负责统一的确权登记系统、统筹负责全民所有的自然资源的出让，指导全国自然资源资产产权管理等。在国家层面上，该委员会负责影响国家安全全局的重要自然资源以及重点林区、大型水体和国际水体，重要的湿地、海域、滩涂、草原、野生动物以及国家公园等所有权的直接行使。

在具体行使水资源和水环境所有权领域，该委员会吸收水利部原有的水权管理职能，通过相关规划以及相关制度对各省份、跨省份水体和重点区域的水资源和水环境资产进行划分和分配。基于统筹后的水功能区划和水环境功能区划得到的水环境纳污能力也作为环境资产，并由该委员会统筹行使。水生态补偿和粮能补偿也由该委员会根据权限的不同行使权力。整合原有的取水许可、排污许可、排水许可以及排污口许可等涉水的行政许可。在规划制定的范围内，负责开展水资源和水环境的有偿使用制度。

（二）设立环境与生态保护主管部门（监管者）

在国家层面上，由生态环境部整合资源和水资源保护监督管理的职能，对国家环境和生态保护负责，形成自上而下的垂直管理部门。生态环境管理主管部门可以根据实际需要进行流域管理和区域管理。

就水资源管理而言，生态环境主管部门对水量和水质进行统一管理，负责控制污染物排放、节约保护水资源、严格水资源和环境执法监管、继续强化水环境管理、强化环境质量目标、深化污染物排放总量控制、严格环境风险控制等。生态环境主管部门负责饮用水水源安全，对饮用水进行全过程监管，对地下水量和水质进行统筹管理，地下水污染防治，整治黑臭水体，保护水和湿地生态系统，对涉水相关许可进行统一监管，包括对地方政府发放许可的监管以及用水户的取水量、用途和污染排放的监管。

（三）流域机构改革方向

流域机构作为国务院直接派出机构，主要的职能包括流域的水、土、能、粮等开发规划的实施，流域水资源和水环境规划的实施以及其他的非水资源管理职能。流域机构组织形式可以根据流域的具体情况而定，分为局、委员会、理事会三种形式。局为国务院相关政策在流域的执行机构，相对地方政府具有独立的财权和事权。委员会为国务院相关机构和利益相关省级地方政府和其他利益相关方共同组成，有相应办事机构使得政策落实。理事会组织形式与委员会相似，但没有具体办事机构，政策落实靠利益相关省级政府具体落实，只作为协商机构。

二　中央—地方关系层面

（一）分级行使水资源资产所有权，培育水市场体系

中央和地方政府在全民所有的水资源资产产权方面分级按照法定权限行使所有权。不同层级行使的所有权对应着不同的事权和责任。在行使职权的内容上，规划和法定的分水方案都是其主要方面。地方政府可以根据职权范围设定取水权以及附属的水环境权。

（二）水环境管理归中央政府直接负责

通过设定垂直管理机构，中央政府对各地的水资源和水环境进行监督管理。在对水资源监督管理方面，监督各级地方政府的行政

许可行为，监督市场主体的违法违规行为，对饮用水进行全程监督，对地下水超采地区进行统一监督管理，赋予垂直管理机构在协同安全重点领域、重点区域的水资源和水环境的优先管理权限。

三　流域管理—区域管理关系层面

在流域管理和区域管理之间的关系方面，国务院是省级区域管理和流域管理的共同上级。在水资源开发利用方面，流域管理体现协同安全层面考量的水—能—土—粮的综合开发利用。各级政府的区域管理职能偏重于相关开发利用规划的具体落实。在水环境管理方面以及水资源保护职能方面，由中央政府具体负责，部分水环境流域管理职能通过流域机构具体实施。地方政府也可独立于中央政府环境和生态保护主管部门在区域设立的部门而设立负责区域水环境管理职能的机构。该区域机构可以配合中央政策的实施，也可以实施更为严格的水环境管理措施。进一步加强中央政府所属的水文监测部门和流域机构所属的水文监测部门的能力建设，并推进中央所属的水文监测部门下放合并到流域机构对应的部门。将监测的水资源和水环境信息提供给国家资源和规划委员会及环境和生态保护主管部门。

第四节　水资源管理机制

一　行政机制

在水资源和水环境的管理上，行政管理是最主要的方面。特别是水资源资产管理制度、最严格水资源管理制度、有偿使用制度、水环境治理、最严格水资源考核制度以及水资源和水环境相关制度的实施保障方面都需要行政管理具体执行和落实。即使在倾向于市场机制和社会管理机制的制度设计方面，其制度的实施和落地都需要行政机制的强力推行。在某些制度的实施过程中，特别是市场机制、社会管理机制的某些制度的实施过程中，要对有关部门的行政措施进行有力监管。在需要强力行政机制推进的制度设计中，要对有关部门的不作为进行监管。

二　市场机制

水资源和水环境管理要充分发挥市场机制作用，特别是在水价改革、收费政策、税收政策、多元融资、绿色信贷、水生态和水环境补偿等制度方面。除此之外，还应该在节水环保科学技术方面加强市场机制的支撑，大力发展环保产业和环保服务业。在水资源系统管理方面，原有的依靠行政机制推行的水资源节约等措施，可以依靠市场机制；依靠企业主体地位推行的措施，可以交由企业依靠市场机制推行。

三　社会管理机制

现有的社会管理机制，主要是公众参与和社会监督等制度，与行政管理机制和市场机制相比，作用相对较小，难以形成有效的管理力量。社会管理机制应该在行政机制难以覆盖、市场机制难以作为的当前忽略的范围内发挥更大的作用。一是农村用水户协会在管理上全面去行政化。二是在社区水资源管理上，发挥社区的差异化管理的作用，满足入户水质差异化需求。在供水环节上，实现行政机制到取水口、市场机制到管道口、社会管理机制到水龙头的全覆盖。三是将水资源管理和水环境管理中保障“人的安全”、行政机制难以覆盖、市场机制难以发挥作用的领域，全面交给社会管理机制。保障“人的安全”具有高度差异化、末端化和公益性的特征，在具体保障措施中不符合行政管理机制中“一刀切”“底线管理”的管理思路，亦由于公益性的特征导致市场机制难以有效运行。社会管理领域包括农村环境治理、社区水资源和水环境管理等各个关系到“人的安全”的具体方面。

第五节　水资源管理制度设计

在水资源和水环境体制和机制上进行了设计之后，需要在具体管理制度上进行具体的设计，以形成有机体系和合力，对水资源、环境和服务进行有效、科学的管理。根据以上分析，分别提出水资源资产化及水市场制度设计、节水制度、水资源环境承载力及预警制度、资源环境统一规划制度、最严格水资源管理制度、水资源有偿使用制度、水—能—粮生态补偿制度、水环境治理制度、绩效考核和责任追究制度。其中水资源资产管理制度为核心制度，分别界定了行政、市场、社会三个机制的着手点和运行领域，是上述体制机制的交汇点。

一　水资源资产化及水市场制度体系设计

（一）水资源资产界定

水资源的资产化管理是指将水资源视为资产进行管理，就资产定义来说，管理者对具有使用价值并且能够带来收益的水资源按照市场机制进行管理。资产是指能给企业目前和未来的经营带来利益，企业（个人）有权支配使用的经济资源。虽然不同的领域对资产的定义有一定的差别，但是其具有共同的特征：预期带来经济利益，为企业拥有或者控制的资源，企业过去的交易或者事项形成，能够用货币计量。

现有的水资源资产管理研究大多将水资源资产管理与水资源管理对立，认为水资源资产管理是水资源管理的“纠正”，在隐性中认为所有的水资源都应该按照资产进行管理。水功能包括生态环境功能和经济社会功能。在人类使用水资源之前，单一的自然水循环机制主要强调水资源的生态环境功能，随着社会水循环的形成，水资源的经济社会功能越来越重要。社会水循环通量产生大量收益，这部分水资源在定义上符合水资源的范畴，应该按照资产进行管理。但就功能而言，水资源的经济社会功能只是水资源功能的一部分，将承担其他功能的水资源按照资产进行管理，一是产权的主体缺失，难以有效运行；二是经济驱动对水资源的无尽消费，势必给生态环境造成严重灾难。

除了水资源功能的差异之外，水资源的物品属性差异也是不能将水资源作为水资源资产进行管理的原因。根据竞争性和排他性，可将水资源分为私人物品、公共池塘物品、俱乐部物品、公共物品。作为公共物品的水资源，是人类生存和发展环境的重要组成部分；作为私人物品的水资源是生产生活的重要资源。水资源的公共和私人物品的双重属性决定了用于生产生活的水资源可以作为资产进行管理。

由此可见水资源资产的概念小于水资源的概念。水资源资产相对于水资源来说，是能够具体体现水资源经济社会功能的那部分水资源，并且能够被主体拥有、控制、交换。所以水资源资产是进入生产生活的那部分水资源，这与“二元”水循环理论中的社会水循环通量是重合的，应用“自然—社会”二元水循环理论对水资源进行资产化管理是可行的。

（二）水资源的资产化

由于水资源资产与社会水循环通量是重合的，社会水循环理论乃至二元水循环理论对于水资源的资产化管理有深刻的借鉴意义。在水资源资产化管理中主要存在水资源资产内涵不明晰、资产监管体系不完善、资产用途管制不到位以及资产产权体制缺失等突出问题。社会水循环理论可以有效解决上述问题，这也是社会水循环理论耦合水资源资产化管理的路径。

第一，社会水循环通量有效界定水资源资产化管理的内涵和范围。社会水循环的表现形式为水资源在经济社会系统中循环，直接以水资源资产的形式创造经济社会价值，具有非常强烈的经济属性。水资源资产的范畴与社会水循环通量的范畴重合，利用社会水循环理论对其通量进行界定可以有效界定水资源资产的内涵和范围，避免水资源资产范围过大造成水资源资产化管理与传统水资源管理的“换汤不换药”。

第二，针对社会水循环途径的监管有效完善水资源资产的监管体系。现有的社会水循环途径为“取水—给水处理—配水—一次利用—重复利用—污水处理—再生回用—排水”。虽然环节较多，但是其基本循环过程还是“取水—用水—排水”三个环节，针对这三个环节的有效监管，显然要比现有的对流域区域控制断面的监管更加有效果，也更加有针对性。在美国资源能源和环境的政策中，也多是针对微观企业环境因素通量的进口和出口进行监管。这样做一是节约国家过多的监管投入，可以将投入以立法的形式附属在设备中；二是监管更有针对性，特别是在水资源资产的监管体系建设中。

第三，社会水循环的相对闭合有效解决用途管制与水的流动性的矛盾。用途管制是国土空间开发的重要内容，其将国土空间分为生产、生活、生态等用途，并且对国土空间的用途进行管制。水资源资产也具有与国土用途管制的合理性，但是自然水资源具有流动性和循环性，一个地区的生态用水流动到下一个地区可能就是生产用水。社会水循环具有相对闭合的特征，进入社会系统的水资源要发挥作用完成社会水循环后返回自然系统中。而用途管制中的生产、生活用水就是社会水循环通量（水资源资产）的范畴，对水资源资产的管理就是保护用于生态的水资源。用途管制也是水资源资产具有稀缺性的基础。

第四，社会水循环通量有效解决水资源资产产权不清晰的问题。水资源产权属于国家所有，中国在对水资源产权进行设定时存在的问题是难以对绝大部分的水资源进行产权界定。如上述水资源功能较多、真正作用于经济社会的是社会水循环部分，将该部分的使用权、收益权等界定清楚即可对水资源资产进行市场化操作。其他水资源的所有权由国家所有，并且有权利在特殊时期进行配置，如极度干旱和突发污染事件时的水救济等。对社会水循环通量部分的水资源的产权界定就是对水资源资产的产权界定，这从根本上解决了市场配置水资源资产的决定性作用的制度问题，又有效保护了用于生态的水资源。

（三）水资源资产管理的内涵与外延

水资源资产为进入到社会水循环的水资源，即形成社会水循环通量的水资源，因此水资源资产管理是水资源管理的重要部分，即为对社会水循环通量部分管理。其管理根据资产的性质可以分为水资源资产的界定管理、交换管理、使用管理、处置管理等，对应于社会水循环的各个环节。

水资源资产管理与传统的水资源管理有一定的不同，且在一定程度上弥补了传统水资源管理的不足。一是弥补了传统水资源管理处理公共产权与私有产权相容上的不足；二是弥补了取水许可与交易用水兼容上的不足；三是弥补了微观水资源配置与水事管制不协调上的不足；四是弥补了私有资本进入公共工程上的不足。可以看出，水资源资产管理是水资源管理的重要部分，同时也是发挥市场配置在经济社会用水资源上决定性作用的所在，是弥补水资源管理行政特色过重的所在。

（四）水资源资产管理与水资源管理的分层

根据上述分析，水资源资产管理是水资源管理的一部分，是对进入社会水循环部分的水资源按照资产的性质进行管理。由于水资源资产可以由市场决定配置，这与传统的水资源管理的行政配置有一定的矛盾。在上述分析的基础上，本书认为可以通过分层管理来有效界定水资源管理中政府与市场的关系，即国家和地方政府在现有水资源管理制度的基础上进行宏观、中观的水资源资产管理，市场在水资源资产的微观管理中发挥决定性作用。

从宏观层面来说，国家是水资源的所有者，是水资源所有权利的根源，基于此对中观层面的水资源资产进行配置和管理。在宏观层面即可以界定各中观层面的水资源资产的范围、产权界定、监管制度和用途管制等。除了水资源资产的宏观制度设计之外，国家不参与水资源资产的微观运作。国家的权是按照国家的水资源情况和经济社会发展特点确定各地区的分水（可取水）情况，即宏观的水资源配置。国家的责是保证国家战略需要、保障区域的生活用水安全、保障区域环境生态用水安全。国家的利是通过统筹开发利用和保护，使得区域经济、社会、环境健康地、可持续地发展。

从中观层面来说，以宏观层面的配置方案和制度设计为基础，对区域的水资源进行管理。中观层面的水资源管理既包括水资源行政管理，也包括水资源资产管理。这一层面的水资源资产管理主要是地方政府间的水权转换、水生态补偿等，其主体是地方政府。交换的驱动因素不一定只是经济社会因素，也包括行政意志主导的水生态救助等。地方水行政部分主要是对区域的水生态进行有效保护，以及对区域的微观涉水活动进行初始赋权。地方的取水方式、量、质、域等要严格按照国家、流域、上级行政的要求进行，其主要依据是区域的水资源可利用量（当地水资源量扣除生态环境用水量），以及相关总体和行业规划等。

从微观层面来说，市场是水资源资产管理的决定性因素。在宏观和中观水资源管理的基础上，各具有水资源资产使用权的市场主体按照既定的制度和规范进行市场化运作，水资源资产在市场机制的决定下进入到效率较高的行业，体现不同区域的水资源的稀缺性，同时也为“以水定产、以水定量”提供制度基础。

（五）水资源资产的权属分解

中国水资源归国家所有，集体所有的水塘等的水资源归集体使用。水资源是彻底的公共产权物品，只是附加了有偿的取水权制度。由国家部门配置公共产权物品（水资源）的模式难以进行有效的水资源保护，主要是代理人问题和微观机制缺失问题。考虑到水资源的特殊性，私有化难以推行。在公共产权的基础上，针对以上问题进行制度设计。在取水环节要引入“私有产权”或者类似“私有产权”的水资源资产产权制度。现代的产权制度将产权分为所有权、使用权、占有权、处置权、收益权。在取水环节，可以将所有权归国家所有，使用权（这里主要是取水权）按照一定的原则归相关利益主体所有。也就是说，国家所有的权利主要集中在没有进入社会水循环时的自然水资源，即取水环节之前的所有水资源。一旦经地方政府的许可进入社会水循环领域，微观主体即拥有类似私有产权的权利，即拥有除所有权之外的其他所有权利。

对于取用的水，生产的前过程对应的是用水，生产的中过程对应的是耗水，生产的后过程对应的是排水。就对应到产权的属性而言，用水过程对应的是水的使用权，耗水过程对应的是水的收益权，排水过程对应的是水的处置权。耗水过程即是通过用水，将水资源与其他资源结合形成产品（服务），耗去的这部分水资源真正形成了收益，体现了水资源的收益权，这部分权利归权益主体所有。耗水量是行业真正使用的水资源，是区域水资源的绝对减量（虽然部分水资源的耗去没有直接形成收益），对国家所有的水资源形成了减量，在绝对量上具有外部性。因此对耗水量的计量非常有意义，国家可以据此来制定水资源宏观配置政策和水资源资产产权政策。耗水过程的收益权，不能用于直接交换，在用途管制和监管时，可以据此进行。

排水过程对应的是水户的处置权，这个过程要深入体现国家用途管制和监管的权利。对于完全脱离生产过程的废水（脱离一次生产线，进而还可以被其他生产线使用的废水不属于完全脱离生产过程），国家或地方政府对这部分水进行严格的用途管制和监管。对于农业而言，排水过程一般是回归自然的循环过程，例如回归到河流、湖泊、地下水等，但是这部分水一般含有面源污染物质，国家要进行监管（利用纳污能力红线）。对于工业而言，一部分废水经过处理再回归水体。这部分水对于自然水循环非常重要，不需要行业间对这部分进行经营，但用途管制和监管体制要对其进行重点处理。也就是说，完全脱离生产环节的水资源属于国家所有，国家强制企业行业对这部分水资源资产进行优良化处理，不能私自经营。

（六）水资源资产管理设计

社会水循环主要存在供水、用水、排水三个环节。其中供水分为地表水和地下水，供水对象主要是农业、工业、生活、生态四个部门。社会水循环各个环节与自然水循环密切相关，从人类社会从自然水体中取水（地表水、地下水）开始，经过自来水厂制水（或者自取水单元制水），向用水单元输水完成供水环节；用水单元配水、直接（间接）用水。或者在用水单元内循环用水，完成用水环节；用水单元排放废水，污水处理厂（或者自取水单元配套间污水处理设施）收集、处理、向自然界排放完成排水环节；此外一部分用水单元收集废水、处理形成再生水，并循环利用，形成回用环节。

第一，农业用水。农业部门的用水一般有三种形式：一是来自于农村田间农田水利设施的地表水资源；二是经机井等灌溉设施抽自地下的水资源；三是由大中型取水设施从大中型水体（地表和地下）抽取的经农田水利水系送往各个用户的水资源。对于第一种而言，这部分多为雨水的直接（间接）利用范畴，可以作为自然水循环的一部分，因此这部分水资源的资产产权可以直接归为直接利益者。例如，在不影响水的自然循环的基础上，在土地上的水资源的使用权和所有权随着土地承包权归土地承包者；集体所有的水塘等的水体，其所有权和使用权归集体所有，具体使用方式由集体用水组织决定。对于第二种而言，由于地下水的特性，需对该部分取水以进行许可的形式进行管制，其取水方式和取水量由取水权严格界定（地下水资源所有权归国家所有，地方政府按照水资源情况设定取用地下水定额，允许利益者之间使用权交易）。对于第三种，国家设定初始水权，允许利益者内部之间使用权交易，或者与其他行业用水户进行使用权交易。

第二，工业用水。工业用水一般来自三种方式。一是来自城市建设部门的供水（自来水）；二是来自自建的取用地表水设施的供水；三是来自自建的取用地下水设施的供水。这些取水具有取水许可证，并且取水量根据行业用水定额决定。对于第一种方式，各行业企业按照所用水量与行业水价进行缴费。按照行业用水定额进行严格用途管制。对于第二种方式，行业企业严格按照取水许可和行业定额进行取水，行业企业扩建可以向农业部门购买地表水取水权，区域内行业总取水要求不能高于交易前的取水量。对于第三种方式，工业行业可以购买农业的地下水取水权，要求与第二种方式一样。

在用途管制方面，工业要划分为特殊工业和一般工业。特殊工业包括电力行业（主要是火电、核电行业）、钢铁、化工、饮料等行业，这些行业用水量较大，万元增加值用水量比一般工业行业大。对于这些行业，可以考虑鼓励取水权向经营权转换，即在通过技术更新减少耗水量的前提下，可以将取水权转向用水效率较高的行业。

第三，生活用水。生活用水主要有以下两种方式，一是来自城市建设部门的集中供水；二是来自分散供水。对于第一种而言，可以将取水后的水资源经营权下放到城市建设部门的供水机构，也可以按照一定的方式引入私有机构，吸纳社会资本。对于第二种而言，可以分为家庭用的自采用水和（农村）集体自采用水，对于后者要按照用水合作组织的方式发放取水许可证，对于前者要根据当地实际情况，逐步向后者转移。这部分用水是《水法》规定的保证级别较高的用水，对该部分用水要进行严格的用途管制。

第四，生态环境用水。生态环境用水一部分是不允许开采的水资源，这部分没有进入社会水循环，其资产产权归国家所有，属于国家保护。另外一部分为城市建设等部门使用的再生水，用于河道等生态用水，这部分一旦进入自然水体，其资产产权归国家所有，被国家保护。需要说明的是，对于城建部门使用再生水喷洒市内植被等所用的水，一般视作生活用水对于再生水的产权，在此不再论述。

第五，形成农业水权转让收益制度。在2016年或者某个时间段的各区域各行业用水状况的基础上，设定初始水权，形成水资源资产，依靠市场机制设计农业用水向其他行业转让水权的制度。这种制度需要配套细致的措施，一是不损害国家粮食生产或者是在保障国家粮食生产能力的前提下设定转让红线；二是充分认识到对于农民来说，增加收入是重中之重，转让后的收入要远远大于转让前的收入；三是有利于资本进入农村并保持农村社会结构的稳定。

第六，放开水服务市场。一是在条件成熟的地区放开水服务市场，允许供水排水公共部门私有化，并提供相应的配套政策。二是实行更为弹性的用水价格管制，并提供与价格相匹配质量的水服务。三是加强对水服务市场的监督管理。四是探索供水企业与管网分离，对供水企业入管网处水质和水量设定标准并制定对应价格机制。五是探索形成末端企业或者社会组织负责管网到入户的水质和水量。

第七，加大水资源税费改革力度。在水资源资产管理的基础上，加大水资源税费改革的力度，完善水资源税制度，推进环境税在水资源要素领域的试点，减少行政机制在水资源和环境领域的不良干预。

二　强化的水资源节约制度

（一）全面建设节水型社会

进一步落实最严格水资源管理制度，大力实施水资源消耗总量和强度“双控”行动，积极开展节水增产、节水增效、节水降耗、节水减污等节水行动，着力促进水资源节约集约循环利用。

（二）加快完善水设施网络

围绕供给侧结构性改革，加快节水供水重大水利工程建设、灾后水利薄弱环节建设、农田水利基础设施建设，构建江河湖库水系连通格局，发挥水利工程的支撑和带动作用。

（三）不断健全水治理机制

扎实做好全面推行河长制工作，协调推进水利投融资、农业水价、水利工程管理、水流产权确权等方面改革攻坚，全面加强依法治水管水和水利科技创新。

（四）深入贯彻节水优先的方针

把节水作为重中之重来抓，从节水行动、节水制度和激励机制三方面全面推进节水型社会建设。节水行动方面，继续把农业作为主攻方向实施重大农业节水行动，同时统筹推进工业、城镇生活节水。节水制度方面，通过完善用水总量控制指标体系、节水技术标准体系和节水政绩考核等措施，形成倒逼机制，推动经济结构优化和产业转型升级。节水激励机制方面，通过合理制定水价、完善财税优惠政策、推行合同节水管理等，充分运用市场机制和价格杠杆促进节约用水。

（五）改进最严格水资源管理制度

在不同来水频率下，需要具体对某些行业的用水总量进行限定。用水红线是统计意义上的红线，有些行业具有较大的影响，在某种意义上有可能导致管理者对于这些行业设定宽松的用水总量，从而对其他行业造成用水的不公平，也有可能影响经济效率。因此，需要从社会安全和经济安全的角度对其进行详细限定。

三　水资源环境承载力预警制度

（一）制度设计目的

水资源环境承载力和预警制度是为了解决国家层面、区域层面、流域层面经济社会发展突破水资源环境承载力约束，进而危害水资源环境承载能力的难题，是贯彻“以水定城、以水定地、以水定人、以水定产”的关键制度，是解决协同安全视野下水资源管理难题的针对性制度。水资源和水环境的危机根源是开发、利用与保护的冲突，即国土的开发与利用突破了水资源和水环境的约束。同时，气候变化和人类活动对水资源和水环境有很大的影响，水资源和水环境的承载能力在时空上不是一成不变的，地表、地下以及水资源和水环境承载系统也不是一成不变的，长期的气候变化和短期的气象突变都对承载力造成深刻的影响，因此，有必要建立水资源环境承载力预警制度。水资源环境承载力预警制度既要面对人为的突发事件和自然的极端天气造成的承载能力突变，又要面对不合理的空间和产业发展造成的长期承载力演变，形成两套预警机制。

（二）责任部门设置

国家层面的承载力预警由国家资源与规划委员会负责，地方层面的承载力预警由地方政府的对应部门负责。在流域层面上，由流域机构负责。

（三）具体制度设计

第一，采用动态预警制度。考虑到水循环系统的动态性，水资源环境预警制度应在不同层面上采用动态预警制度。一是对于远期的水资源环境承载力预警制度，要采用动态的评价方法，评估承载系统、水循环系统动态变化后水资源和水环境的演变情况，为未来一段时期相关规划提供参考。二是对于近期的水资源环境承载力预警制度，要采用实时动态预警制度，该制度可包括对突发事件以及干旱的应急制度等。

第二，要与主体功能区规划高度结合。深刻认识到水资源环境承载力及预警制度在国土空间开发的重要地位，贯彻“以水定城、以水定地、以水定人、以水定产”，并将其与主体功能区规划高度结合。在制度执行过程中，以主体功能区规划为基础，将其作为国土空间开发用途管制的重要依据，同时也作为水资源和水环境用途管制、水环境功能区编制的重要依据。

第三，提高规划地位作为发展规划的上位规划。水资源环境预警制度应将多年开展一次的水资源评价转变为实时动态的预警成果，在多个年份进行修正，汇编成评价成果。以此为基础，作为多项规划的上位规划，实现规划层面的"以水定城、以水定地、以水定人、以水定产"。

第四，加强监测能力建设。水资源环境承载力预警制度需要加强严格监测的能力。要求既在地表水体，又在地下水体，既在水量方面，又在水质方面监测；既在河道内，又在河道外都要进行全面的水量和水质检测。

第五，统一调整和整合水功能区与目前的水环境功能区，并作为"第二条红线"的依据。水功能区"隐含"的设置方式是依据水资源的功能，体现水资源的利用，是水资源保护的形式；水环境功能区依据水环境的功能，体现的是水的污染防治。在保护与污染防治进行整合的情况下，两个功能区要整合及协商。

四　资源环境统一规划制度

（一）制度设计目的

该制度设计目的是梳理资源环境管理中要素分割的弊端，特别是土地与水资源分割、水资源与水环境分割、水系统与生态系统分割等。这种多重分割导致资源环境管理的冲突与矛盾，造成规划重叠冲突、部门职责交叉重复，规划朝令夕改难以形成合力。因此，需要在资源环境领域进行统一规划，形成全国统一、相互衔接、分级管理的空间规划体系。

（二）负责部门

水资源和水环境的相关规划作为资源环境规划的重要部分，由前文涉及的资源环境与规划委员会具体负责。该部门通过制定规划对各种自然资源进行权属持有管理，设定各种自然资源资产的范围，例如，哪部分能够进入人类社会系统内使用，并形成资产；哪部分为了保护自然资源环境不能够进入。

（三）具体制度设计

第一，“水—土—能—粮”统一规划。在协同安全的子系统中，能源安全和粮食安全一直是重要方面。保障这两个领域安全是中国水安全一直存在的原因，同时也是水环境问题的重要原因之一。水资源和土地资源是决定中国经济格局的两个重要因素。因此，需要在水—土—能—粮四个领域进行统一规划。

第二，水资源与水环境统一规划。目前由于部门的分离，水资源与水资源保护统一规划，水污染防治单独规划。这种格局源自于《水法》与《水污染防治法》的分离。在理清生态文明体制机制的要求下，需要将水资源与水环境统一规划。

第三，流域统一规划。在流域规划中不能仅局限于水资源与水资源保护的规划，要纳入水环境规划、“水—土—能—粮”的统一规划，产业规划等，甚至要将流域作为经济发展区域进行统一规划。

第四，为多规合一提供接口。市县作为较小的经济和政治单元，在空间开发与保护等各个方面进行统一规划，一个蓝图进行发展。在较高层次的国家、区域、流域资源环境统一规划中，要与市县的多规合一提供接口，能够与此上下相兼容。

五　区域差异管理制度

中国北方地区是能源产业发展、粮食生产、生态系统、经济安全的关键地区，保障协同安全与水危机的矛盾非常突出，就协同安全的视野来看，需要对水资源制度进行差异化管理。

在水资源短缺地区，在国家层面上建立“水—能源—粮食—生态”的综合水资源管理制度以及在国家安全委员会机构内设置特别机构。其主要职能和制度设计如下：第一，整合原有的粮食、能源等财政分开补贴补偿的制度。充分考虑粮食和能源产业与水资源和水环境的关系，在制定粮食和能源补偿或补贴时充分考虑水资源、水环境、水生态的代价。第二，系统制定“水—能源—粮食—生态”补偿标准。在统一规划的前提下，系统研究四者的相互作用机制、相互保障机制和相互影响机制，制定相应的补偿标准。第三，探索多元化补偿机制，完善能源安全、粮食安全、生态安全综合保障的成效，形成资金分配挂钩的机理约束机制，形成上下游、左右岸、利益相关方间“水—能源—粮食—生态”补偿机制。第四，在生态安全重要区域完善生态保护修复资金机制，加大生态修复的投资融资力度。

六　水环境治理制度

（一）推进取水许可、污染物排放许可、排水许可以及入河排污口许可的合并和完善

这是水资源和水环境管理的行政许可制度，其合并与统一是水资源和水环境统一管理的关键所在。力求在全国范围建立统一的、公平的、全覆盖的水资源和环境许可制度，覆盖所有污染源和社会水循环的全过程，依法核发许可证，禁止无证的取—用—排（污）水和不按许可证规定排（污）水的行为。

（二）推行取水权排污权交易制度

在区域取水总量和水环境容量的基础上设立取水权和排污权交易制度。完善初始取水权和排污权的核定，扩大排放污染物的涵盖面，在流域和区域的基础上进行层层分解。根据水资源和水环境统一管理的要求，推行取水权和排污权整理交易制度，或者分开交易制度并界定水资源交易对排污权的影响以及排污权交易对取水权的

影响等，并据此制定排污权核定、使用费用和交易价格等。

七　经济安全的制度保障

中国经济安全的保障亟须水资源管理制度保障供给侧结构性改革，其基本要求主要体现在以下六个方面。

（一）减少无效的、低端的水资源供给

无效的水资源供给是指社会经济和环境生态联合价值小于等于零的水资源供给。在区域的研究范畴内，其内涵是区域的水资源供给产生的社会经济价值小于等于对环境生态价值造成的损失。在行业和用户终端范畴，也可以得到类似的内涵。低端的水资源供给是指向高耗水、高排放、高污染、高影响、低效率、低效益的用户供给。减少无效的、低端的水资源供给，要求以水资源承载力作为区域水资源开发的基本依据，深入贯彻“以水定城、以水定地、以水定人、以水定产”的发展理念。

（二）增加高效的、高端的水资源供给

同样，高效的水资源供给是指社会经济和环境生态联合价值远大于零的水资源供给。在区域研究范畴内，其内涵是区域的水资源供给产生的社会经济价值远大于其对环境生态价值造成的损失。高端的水资源供给是指向高端用户供给，对水资源量的需求较少，排放较少，对环境影响较低，但一般高端用户对水资源的质量要求相对较严格。增加高效的、高端的水资源供给需要在保障水资源供给量的基础上，注重水资源质量、水生态等方面的供给。

（三）建立符合要求的水资源供给体系

水资源供给是中国水资源管理的核心内容。水资源属于国家所有，在水资源供给上基本形成了层级的配置制度。在国家层面上，

水利部拟定全国和跨省份的中长期水供求规划和各省份的水量分配方案，各省份分别向下属的地市分配，地市向县区分配，县区向用户分配。这种配给制度覆盖了上述的生产、生活以及人工生态的水资源供给。在对生态环境的水资源供给上，一是限定生产、生活的使用；二是降低取水、用水、排水对生态环境的破坏和影响。因此，水资源的开发、利用、节约、保护的管理都是对水资源供给的管理。从上述两个意义上，水资源管理制度对于水资源供给侧结构性改革有着重要作用。

（四）实行符合水资源供给侧结构性改革的用水总量控制制度

严格规划管理，全国（各省份）中长期水供求规划、水资源保护规划等相关规划要符合水资源供给侧结构性改革的要求，全国灌溉发展总体规划要符合农业供给侧结构性改革的要求。严格流域区域用水总量，力求水资源供给的社会经济和环境生态联合价值最大。建立健全水权制度，引导水资源向高端、高效行业转移。严格水资源论证，制定供给侧结构性改革重点行业和农业灌溉工程建设水资源论证的技术要求。对水资源供给侧结构性改革重点行业和领域严格实施取水许可、水资源有偿使用制度，分别通过行政许可和经济调节促进供给侧结构性改革任务的完成。严格地下水管理和保护，强化水资源统一调度，推动水资源供给侧结构性改革。

（五）严格用水效率控制红线管理

全面优化水服务，通过建立健全有效的水服务管理体制和机制，推动水服务符合水资源供给侧结构性改革要求，满足各区域、各层次、各行业的基本用水需求，满足高端行业以及日益增长的人民群众高标准用水的需求。将供给侧结构性改革作为健全用水定额标准的依据，严格用水定额管理；进一步规范供给侧结构性改革重点行业和企业的计划用水管理，强化重点行业和企业节水监督管理。根据农业供给侧结构性改革的总体要求和布局，加快推进农业节水工程的建设；加大供给侧结构性改革重点行业和企业的工业节水技术改造力度；加快推进非常规水源及相关行业的发展，满足新的经济社会和环境生态需求，推动符合水资源供给侧结构性改革的水服务制度和节水制度的建设。

（六）严格控制入河湖排污总量

严格水功能区和入河湖排污口监督管理，满足水资源供给侧结构性改革的要求，特别是对供给侧结构性改革重点区域提出明确的限制排污总量的意见；全面掌握入河湖排污口的基本情况，对供给侧结构性改革重点区域和行业严格审批和监督管理。加强饮用水水源保护，推进水生态系统保护与修复，满足水资源供给侧结构性改革的要求。

八　绩效考核和责任追究制度

（一）建立民众环境生态标准和价值响应机制

民众对资源、环境、生态的判断标准和价值随着经济社会发展发生变化。应建立不定期的民众环境生态标准和价值的响应制度，从中制订关键的响应指标，并据此制定相关的水资源和水环境政策。

（二）在承载力预警制度的基础上，建立相应的考核制度

对于资源消耗和环境容量超过或接近承载能力的区域，实行预警提醒和限制性的措施，并作为考核的一部分内容，在此基础上探讨水资源资产和环境的离任审计。

（三）建立水资源、水环境损害责任的终身追究制度

实行地方党委和政府成员在水资源、水环境保护中的一岗双责制，进一步分类落实对地方党委和政府领导班子主要负责人、有关领导人员以及部门负责人的水资源和水环境损害追责情况和认定程序。

九　水资源社会管理制度

（一）建立健全公众参与制度

一是鼓励公众参与水资源开发、利用与保护以及水污染防治和水环境治理的监督，鼓励第三方机构参与水环境监测和评估，鼓励水治理事务。二是推行一般企业排污信息公开制度，鼓励居民对周边企业排污信息的跟踪和监督。三是设立水环境信息公开负面清单制度，全面建立政府和企业的环境信息公开常态化制度。

（二）建立健全治水第三方评价制度

政府、社会或者第三方科研机构同时开展各区域的水资源、水生态、水环境的监测，独立调查评估，及时发布国家重大水资源和水环境信息与综合水资源和水环境评估报告等，对中国治水情况进行客观评价。

（三）坐实社会参与的事权

在现有公众参与的基础上，将社会参与的事权坐实，对行政机制难以覆盖、市场机制难以有效推行的管理领域，加大社会管理的力度。例如，对于社区的水资源和水环境管理，社会管理要进行全覆盖，可以提供差异化的水质供水，差异化的水服务等。对于乡村的水环境治理，可以通过社会管理体系进行有效管理。

第六节　水资源管理的保障措施

一　加强制度体系建设的组织领导

协同安全视野下的水资源管理制度体系是从总体国家安全观的

高度进行全面的制度设计，在组织领导过程中，要紧密与生态文明体制改革结合。深入学习党中央关于生态文明建设和体制改革的相关精神，深刻认识水资源管理制度体系在生态文明体制改革、协同安全中的重大意义；认真贯彻党中央、国务院的决策部署，确保水资源制度体系改革能够协同安全以及保障生态文明建设。

二　完善法律法规

制定和完善水资源和水环境的相关法律，整合《水法》和《水污染防治法》法律法规，形成统一体系的水资源和水环境管理法律。修改其他方面的资源环境领域法律，使之与水资源和水环境领域法律形成有机整体，能够配套协同安全视野下的水资源管理制度体系，并为生态文明体制改革提供法制保障。

三　整合部门人力资源建设

在体制改革的基础上，按照部署，整合不同部门的人力资源，使得人力资源建设能够更好地为水资源制度体系服务。设立专门的机构，培养掌握总体国家安全观、掌握水资源管理制度体系实际的人员，并为相关机构、企业、社会组织提供服务。

四　加强舆论引导和水情教育

面向国内外，加大水情教育和宣传力度，正确解读总体国家安全观的新水情和新问题以及改革方向，培育良好的生态文化，提高水资源和水环境的规范和价值，倡导节约、清洁的生活方式，形成良好的文明建设和体制改革的氛围。

下 篇

水资源协同安全制度体系研究支撑报告

第 七 章

国外水资源管理制度及借鉴意义

水资源管理制度体系是公共政策的重要方面，从以上分析来看，水资源管理制度体系涵盖了多种多样的内容。本章不拘泥于详细的制度设计，而是从管理制度总体框架、体制、机制上对国外水资源管理制度的特点进行归纳和总结。本章选取美国、英国作为参考，总结出可供中国借鉴的部分。

第一节　美国的水资源管理制度及可借鉴之处

一　美国的基本情况

由于美国司法体系来自习惯法，在水资源管理的实践中，美国秉承了来自习惯法体系国家的水资源管理制度体系，其最典型的代表是水权制度体系。然而，随着协同安全的需要，水资源管理制度发生了变化。

美国是联邦制国家，是由多个州联合组成的统一国家，联邦成员先于联邦国家存在。

二　美国的水资源管理体制

美国水资源管理均依照国会制定颁布的法令进行。水资源的开发利用和管理执行三级负责制度，即由联邦政府机构、州政府机构和地方机构负责。联邦政府机构负责确定总管理目标和准则，制定政策、法规和标准，制定全国水资源规划、协调管理和水污染控制；州政府机构及地方机构负责实施国家总目标，同时制定并实施州及地方的各项具体指标。水量管辖权，即水权主要由联邦政府和州政府实行，联邦政府主要管辖跨州和国际水域，州政府管辖州内水域。水质管理主要由联邦政府负责，或委派有关州负责，这些州根据法律规定制定的水质保护计划必须符合联邦水质要求。尽管联邦和州的法院系统对等，但联邦最高法院对有关法律具有最终司法解释权。

三　美国的水资源管理部门设置

美国涉及水资源管理的部门包括国家地质调查局水资源处、农业部自然资源保护局、陆军工程师兵团和联邦环境保护署，这些部门依据职责分工，对水资源分别进行管理。国家地质调查局水资源处负责水文水资源资料的监测和管理，并设有重要河流流域办事处，同时为水资源开发利用工程提出政策性建议。农业部自然资源保护局在各州设立52个工作机构，主要负责农业水资源的开发、利用和农业相关水环境保护责任。陆军工程师兵团主要负责联邦政府投资的水资源及土建工程的规划设计、施工管理和运营维护，同时还负责水利相关科学研究与开发工作。联邦环境保护署调控和管理水资源的开发、利用，制定规定防止水资源污染，确保水环境安全。各部门在联邦政府的统一领导下，形成分工协作、相互制约的管理体制。

四　美国的水资源管理制度设计

在各州管理水资源的实践中，由于习惯法体系的特征，一系列联邦和州的法律、习惯法的原则、宪法条款、州和联邦法令、法院判例以及合同或协议形成了复杂的水资源管理制度体系。除了法案对水资源的管理之外，各州也设立符合各州特点的机构对水资源进行管理。

在美国成立初期，水资源权属制度继承了英国的习惯法，规定“天然河流沿岸土地拥有者有权享用天然河流”的河岸原则。地下水权则属于土地的拥有者。为了国土安全的实际需要，水权的改变首先考虑的是鼓励民众在中西部地区的安置以及相应农村地区的发展，而不是水资源有效的开发与利用。在这一时期，美国中西部一些州制定了优先占有法（谁先占有、谁先使用），以作为有效水资源分配制度和争端自我解决机制（Erik Lichtenberg 等，2010），例如新墨西哥州；而有些州则在习惯法的基础上，制定了合适使用原则，例如亚利桑那州；有些州则同时使用这两个管理办法，例如加利福尼亚州（Micha Gisser，1983）。水权法案在美国水资源的管理中起到决定性的作用，使得水资源的开发、利用、节约、保护等过程都在水权制度下以相应体制和对应的法案进行。这里以加利福尼亚州为例，介绍水权法案在水资源管理中的作用。

表 7—1　加利福尼亚州水资源相关法案

法案名称	内　容	备　注
《宪法第X章》	州的所有水利用应同时是合理和有益的	水法和政策的基础是禁止浪费和不合理使用
《水委员会法》	用水的私人权利可以通过法律提供的手段获得，赋予州水资源控制委员会管理占有水权	不适用1914年以前的占有权

续表

法案名称	内　容	备　注
《水法》	法案建立了占有水的由州签发的许可系统；水权判决的程序；允许地下水过度开采的地表的当地水机构制定地下水管理计划；法定的管理可能授予一个同时管理地表水的公共机构，或授予特定地区法案建立的地下水管理机构	不适用1914年以前的占有权
《水法修正案》	如果地下水不受法律的其他条款或法院法令的管理，立法者授权允许任何提供水服务的当地机构制定地下水管理计划，包括海水入侵的控制、确定和保护水源和回补区、水污染迁移管制、井废弃和毁坏条款、过度开采缓解、补给、监测、推进联合利用、制定井建设政策、当地机构净化、回补、再利用和取水工程建设等	用于地下水保护
《公共信托准则》	加利福尼亚州信托法案保护包括鱼类和野生生物保护、科学研究和景观娱乐和其他公共场地使用的信托土地的自然状态。在签发和重新考虑任何占有和取水的权利时，州必须平衡公共信托水需求和其他有益使用的需求。同样应用于州水资源控制委员会考虑湾区三角洲的水权	用于限制传统水权，保护公共领域用途
《垦务法》	美国垦务局服从州水权许可的条件，除非这些条件与“清晰国会的指令”冲突	
《联邦能源法》	要求计划利用航运水体和联邦土地的非联邦水电项目获得许可	优先于其他法律的不一致条款
《清洁水法》	规定州河道内最小流量；州内水体建立水质标准，标准包括数字化的水质标准和指定利用。	

资料来源：笔者整理。

这些相对分散的法案组成了加利福尼亚州的水资源管理制度体系。除了这些法案之外，加利福尼亚州还专门设立了水资源局和水资源控制委员会。这两个机构的职能见表7—2。

表 7—2　　加利福尼亚州水资源管理机构的职能

机构	职　能
水资源管理局	制定和更新《加利福尼亚水计划》，以指导州水资源的开发和管理；计划、设计、建设、运行和维护州水工程，以为城市、工业、农业和娱乐使用和鱼类和野生生物保护和提高提供优质的水；保护和恢复 Sacramento-San Joaquin 三角洲，通过盐度控制和向三角洲用水户供水，规划三角洲水和环境问题的长期解决措施，管理防洪堤维护补偿和特定防洪项目；通过监督设计、建设、运行和维护 1200 座辖区内水坝，鼓励预防性洪泛区管理措施，维护和运行 Sacramento 河谷洪水控制设施，在洪水控制规划和设施建设中合作，提供洪水咨询信息；维护管理大坝、提供洪水保护和协助危机管理，以保证生命和财产安全；教育公众有关水和合理使用的重要性，向公众和科学、技术、教育与水管理团体收集、分析和散布水信息；通过提供技术支持，提供当地水需求服务，与当地机构合作调查水资源，支持流域和河道恢复项目，鼓励水保护，联合开发利用地表和地下水，推动自愿水转让和在需要时运行州干旱水银行
水资源控制委员会	保护、巩固和恢复加利福尼亚的水资源质量，为现在和将来的人民保证其适当的配置和高效利用；委员会水配置和水质保护的权力使其能综合保护州水体；委员会有九个地区水质控制委员会，地区水质控制委员会的使命是认识气候、地貌、地质和水文的区域差异，建立和实施水质目标和实施计划，以最好地保护州水体的有益使用；地区水质控制委员会建立它们水文区域的“流域规划”，签发污水排放要求，对违法者执法，监督水质；州水资源控制委员会和地区水质控制委员会拥有管理水质的职责，州委员会提供项目指导和监督、分配资金和审查地区委员会的决定；地区委员会在各自水文区内拥有单独的许可、检查、和执法职能

资料来源：笔者整理。

从机构的设置来看，水资源局更侧重于水资源的开发，而水资源控制委员会更侧重于水资源的保护；水资源局更侧重于水资源量的管理，水资源控制委员会更侧重于水资源质的管理。

五　美国水资源管理制度的可借鉴之处

第一，在水资源开发利用上，明晰联邦与州职责与分工。美国没有专门的水资源管理机构，水资源管理机构主要是1965年制定的《水资源规划法》规定的水资源理事会。理事会包括内政部长、农业部长、陆军部长、商务部长、住房和城市发展部长、运输部长、环境保护局负责人、联邦能源管制委员会主席，理事会主席由总统任命。理事会的职责是：每两年对水资源供需关系做出评价；不间断地研究地区或河流流域规划和较大地区的需水计划间的关系，协调水资源与有关土地资源的政策和联邦有关机构的计划，并向总统提出建议；为参与编制地区或河流流域综合规划、评价联邦水资源计划和有关土地资源计划的单位制定原则、标准和程序。理事会审查各地区级河流流域水资源规划，将意见和建议连同规划一并提交总统审查后送国会审议。法规确认通过协作促进水及其有关土地资源的开发利用和保护，不影响各级政府在水资源开发及管理方面的权限、责任或权利，也不代替或修正州际及州与联邦之间的有关协议，只对编制或检查区域或流域的综合开发水资源规划、确定和评价国家水土资源规划或条款以及依照法规建立的机构有效。《水资源规划法》在协同安全保障上确立了“水资源—土地—能源”的协调机制，以保障这三者的安全；关于具体用水，则由州政府直接管理。

第二，事关全局安全的水环境主要由联邦政府管理。水质管理主要由联邦政府负责，或委派有关州负责，这些州根据联邦和州宪法，制定符合或超过联邦水质要求的适用法规和计划。和水资源的开发利用管理不同，水资源的开发利用可在明晰的水权和法律的条件下由开发利用主体进行管理，并在水资源理事会的规划下协同安全。水质问题是外部性的问题，是难以解决的根本问题，因此在事关国民安全、协同安全的水环境管理方面，主要由联邦政府负责。

第三，设立专门机构管理。对于水资源短缺的流域，水资源公地悲剧和外部性等问题突出，根据《水资源规划法》，联邦会设立或者委托流域管理局进行专门的管理。但是，美国仅在几个问题比较突出的流域设立高权限的流域管理局。田纳西流域管理局就是典型代表。田纳西流域管理局集多种权利和职责于一身，主要解决跨行政区域的流域问题和矛盾，除了负责流域水资源的规划、开发、利用、保护、研究外，还负责水产品的生产、经营和销售等，同时具有联邦政府机关水资源管理权力和企业机构的灵活性。

第二节　英国的水资源管理制度及可借鉴之处

一　英国的水资源管理制度

英国国土面积较小，气候湿润，属于温带海洋性气候，水资源相对丰富，其水资源管理制度体系具有一定的特色，值得中国部分地区借鉴。

英国水法源于习惯法，与美国东部类似，规定天然河流沿岸土地拥有者有权享用天然河流的河岸原则。在英国的水资源实际管理中，排水和防洪更为重要，因此其在中世纪时期就设立了地方土地排水委员会（Local Land Drainage Board），并对居民征收相应的税收。1930年《土地排水法》（Land Drainage Act）正式承认当时成立的214个内部排水委员会（Internal Drainage Board）和49个集水区委员会（Catchment Board），由此开创出一个准流域办法。第二次世界大战之后，英国制定了一系列水资源管理法律，具体的法案见表7—3。

表7—3　　英国水资源管理的法案及改革内容

法　案	内　容	备注
1945年《水法》	重组了供水和卫生机构，存在少数几个根据议会的特殊法成立的法定水公司	
1948年《河流委员会法》	建立了32个河流委员会，这些河流委员会随后成为1951年引入的污染许可证制度的行政管理者	

续表

法　案	内　容	备注
1963 年《水资源法》	成立了一个旨在协调水资源政策的全国性咨询机构：水资源理事会（Water Resources Council）；将 29 个河流委员会改组成河流管理局，河流管理局内有来自所辖区内的代表；引入了取水许可证制度	流域机构来自 1948 年《河流委员会法》
1974 年《水法》	10 个地区水务局（Regional Water Authority）取代了 29 个河流管理局；这些地区水务局从地方政府手中接管了供水和卫生职能，因此成为权力很大的综合机构	地方政府在这些水务局中保留有影响力的代表
1983 年《水法》	废除了国家水理事会，减少了市政代表，强调考虑公众利益的管理权限	权力由国家下放到地方
1989 年《水法》	将地区水务局的供水和卫生部分私有化为供水和污水公司；将前述的法定水公司私有化为唯水公司（Water-Only Company）；将地区水务局的资源管理部分改组为一个新的国家河流管理局；成立水服务办公室（Office of Water Services，OFWAT）作为私有化公司的经济管制机构	被指导资源管制和经济管制的 1991 年《水资源法》和 1991 年《水工业法》所替代
1995 年《环境法》	将国家河流管理局并入了新成立的环境署，将所有的水资源规划和管制职责并入环境署，同时空气污染职责及其他环境职责均属环境署负责	

资料来源：笔者整理。

二　英国水资源管理体制

目前，英国的水资源管理由环境、粮食和农村事务部的环境署管理。环境、粮食和农村事务部的目标是可持续发展，包括：（1）本国和国际的良好环境和自然资源的可持续利用；（2）通过可持续耕作、渔业、粮食和水及其他工业满足顾客需求，实现经济繁荣；（3）在农村地区繁荣经济和社区。

环境、粮食和农村事务部负责英国所有的水政策，包括供水和资源、水环境和水工业的管制系统，这些范围包括饮用水水质，河流、湖泊和河口的水质，沿海和海洋水体水质，污水处理和水库安全。环境署的主要目的是保护和加强环境，以贡献于实现可持续发展的目标。环境署拥有的广泛的职能包括：污染统一预防和控制、放射性物质管制、废物管理、水质、土地质量、水资源、防洪、航运、保护、娱乐和渔业，拥有 8 个地区办公室。地区办公室保证国家的政策在当地实施，而同时考虑当地社区和利益相关者的需求。总部负责环境署的全面管理，包括政策制定、战略和运行目标制定和运行管理。

环境、粮食和农村事务部国务大臣对环境署负有全面的领导责任。特别是，国务大臣负责环境署委员会成员和主席的任命、环境署承担的环境和可持续发展的全面政策、环境署职能和对可持续发展贡献目标的制定、批准环境署预算和向其支付的政府基金、批准管制和收费制度。

对于水资源管理，环境署有职责保证英格兰和威尔士水资源的合理利用。环境署监测环境中的水，签发和管制从环境中取水的取水许可。同时，环境署同时制定水资源的未来 25 年的长期战略，考虑环境和社会的需求。

三　英国水资源管理的基本特点

英国水资源管理的特点是：第一，环境（资源）管制和经济管制与服务相分离，而且环境（资源）管制与经济管制之间也彼此分离；第二，政策制定和决策是政府的直接职责，但把管制职能分配给各个独立机构，如环境署和水服务办公室；第三，环境（资源）管制需要在流域统一管理总框架中解决水土利用问题。

就水资源管理改革而言，英国的实践最为彻底，实现了水资源的统一管理（资源、环境、水服务统一在同一个机构），实现了流域的管理，实现了非政府管制职能的市场化（水务的私有化），也实现了公众的参与，是水资源管理改革的方向。

四　英国水资源管理的可借鉴之处

英国水资源管理制度改革是比较彻底的，在协同安全的形势下，体现出可供中国水资源管理制度设计的借鉴之处。

第一，由协同安全形势决定的制度体系。第二次世界大战之后，和其他发达国家一样，英国的水环境污染呈现突发的态势，影响协同安全的水危机集中在水环境污染和供水水质危机等方面。因此，战后不久的水资源法案改革主要集中在污染治理和水环境公共品的管理等方面。政府的水资源管理权力在20世纪50年代到20世纪80年代末得到加强。随着环境的改善和产业结构的调整，水环境问题已不是主要的问题，对社会水循环系统内的水服务需求的供给不足成为影响协同安全的主要因素。因此，英国将这部分服务差异化和私有化作为解决实际问题的抓手。这也综合形成了英国现有的水资源管理制度。

第二，将水资源管理纳入环境、粮食和农村事务部门进行综合管理。作为老牌的发达国家，英国的基础设施已比较完善，对水资源管理的需求与追赶型发展中国家有很大差别。随着中国经济社会的快速发展，作为资源供给的问题已基本得到解决，作为公共品的水环境问题已成为威胁协同安全的最主要问题。此外，随着国家发展安全的供水需求的降低和与经济安全、科技安全、信息安全、社会安全、政治安全密切相关的水环境和供水水质需求的提升，将水资源管理纳入环境、粮食和农村事务部门进行综合管理已变得非常可行和合理。再者，水资源也与粮食和农村事务密切相关，将水资源管理纳入到这个部门管理有其合理的方面。

第三，扁平化的管理模式。在水资源管理的具体模式上，英国采用扁平化的管理模式。这虽然与英国国土面积相对较小有很大关系，但是可以看出，其扁平化管理模式的末端是私有化的水服务企业和组织。这种管理模式较好地处理了中央和地方的关系，处理了政府、企业、社会三个管理机制的关系。在水服务的实践中，降低了社会安全风险和国家的政治风险。

第八章

气候变化情景下地下水资源和水环境风险研究

第一节　研究目的

本章研究目的是评估气候变化情景下中国地下水资源和水环境面临的风险。本章研究对象为中国的京津冀地区，由于地下水开采多在平原区，因此，把该地区的平原区作为研究的典型区域。

地下水资源和水环境在该区域具有非常重要的地位。该地区地下水资源和水环境出现危机，不仅影响经济安全、国民安全，更会影响社会安全和政治安全。

应用模型研究变化环境下的水循环和水环境演变较其他方法准确并且实用，可以根据模型参数的改变、数据交换等方式进行变化环境下的水循环和水环境演变研究。为了解决目前研究方法多适用小流域，不能准确体现大尺度流域水环境情况的问题，本章提出了大尺度流域地下水水环境综合模拟框架（IGESF）。大尺度流域地下水水环境综合模拟框架（IGESF）可以全面了解研究区变化环境下的水循环和水环境状况，为水决策提供依据。

第二节　研究方法

一　大尺度区域地下水水环境综合模拟框架

如图8—1所示，大尺度流域地下水环境综合模拟框架（IGESF）是由四个模块综合模拟而成。在来自河道线源地下水污染负荷模拟时，第一模块“二元”水循环模拟（WEP－L）为第二模块大尺度水系环境模型提供坡面汇流和河道汇流动力条件；第一模块WEP－L向第三模块大尺度地下水流模型（MODFLOW）提供河道水位模拟结果模拟河道进入到地下水的水量；第二模块大尺度水系环境模型则模拟各河段的污染物浓度；根据模拟的浓度和河道补给地下水的

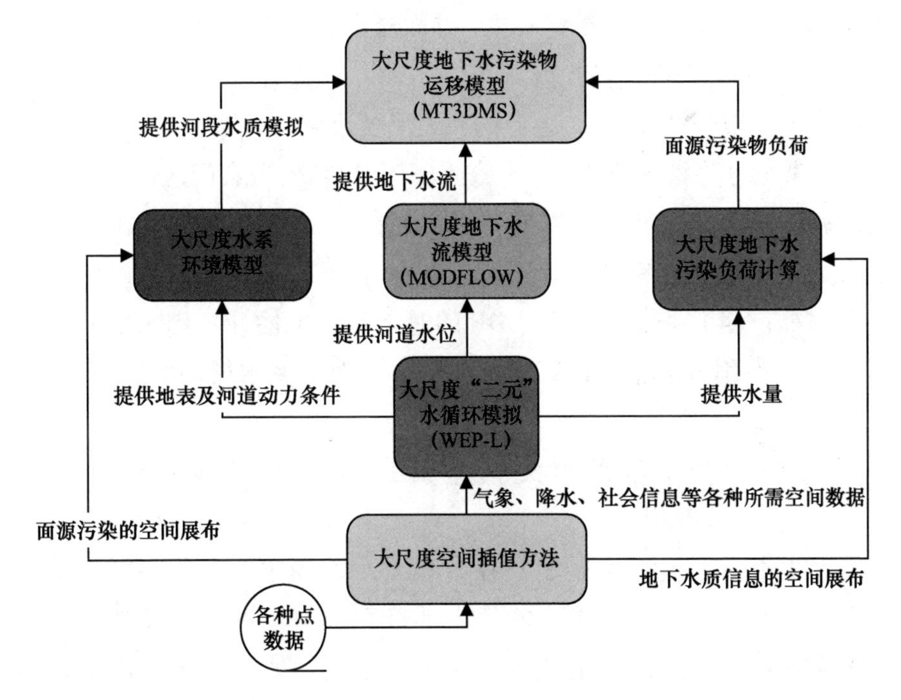

图8—1　大尺度流域地下水环境综合模拟框架（IGESF）

资料来源：笔者绘制。

水量计算污染物线源污染负荷。在计算地下水污染物面源负荷时，第一模块大尺度“二元”水循环模拟的面状地下水分布式补给量，及埋深处实测污染物浓度插值得到的浓度场得到地下水分布式面源污染负荷。将地下水线源和面源负荷输入第四模块大尺度地下水污染物运移模型（MT3DMS）中，模拟污染物在地下水含水层对流、弥散稀释、吸附和消去等作用后的污染物浓度情况。

二　分布式水文模型（WEP－L）简介

分布式水文模型（WEP－L）具有以下主要优点：（1）耦合模拟了流域水文过程和能量转化过程；（2）利用马赛克法综合考虑计算单元内土地利用的空间变异性；（3）通过对地下水流进行数值模拟直接在产汇流中反映出地形参数。另外，为了使模型适应大尺度流域的模拟，WEP－L模型在以下方面做出了改进：（1）将由数字地形图（DEM）得来的“子流域套等高带”作为计算单元（计算单元面积在50平方公里以下，适合作为大尺度流域的计算单元）；（2）植被类型继续分为植被覆盖区，灌溉农田区和非灌溉农田区，从而考虑农业和灌溉对水文循环的影响；（3）将具有一定机制的分水规则用于水文循环中用以模拟用水过程，包括水库运营规则、河道引水以及分水等；（4）根据人口和GDP的时空分布来估计各用水的时空分布；（5）引用温度指数法来模拟积、融雪对流域水循环的影响。

三　基于分布式水文模型的地表水系环境模型

地表水系环境模型是建立在分布式水文模型（WEP－L）基础之上的，对流域面源和点源氮的产生量和入河量进行了模拟。由于该地表水系环境对地下水环境有一定的影响，地下水环境模型在模拟过程中耦合了地表水环境模拟结果。

模型的基本架构如图8—2所示。地表水系环境模型首先在水循环模型的计算单元基础上，根据水循环模型提供的坡面汇流条件，计算每个子流域内的污染物产生量和入河量；其次利用水循环模型提供的河道汇流条件模拟各个污染物在河道迁移转化的情况；最后利用河道的实测污染物浓度进行率定。

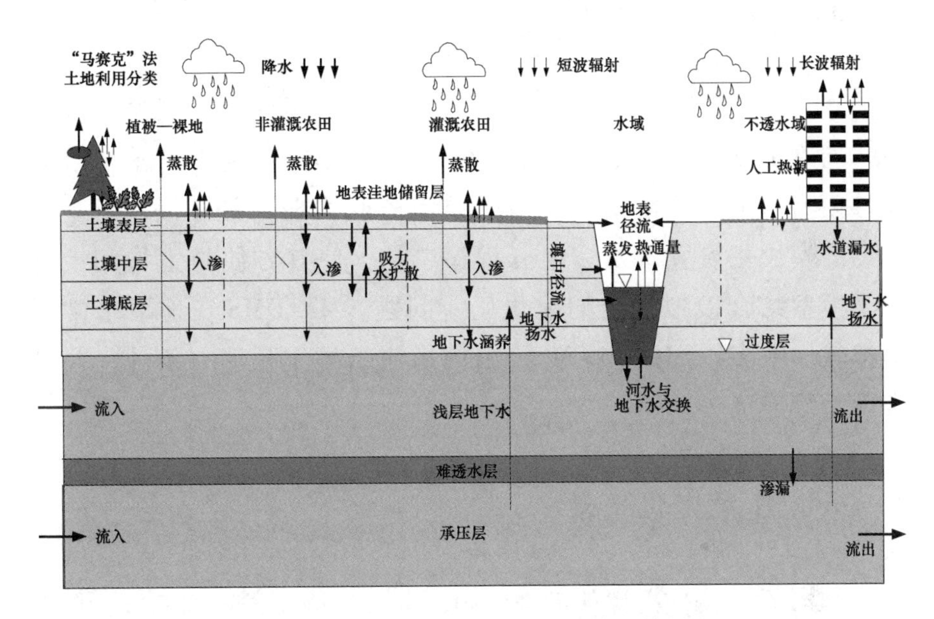

图 8—2　WEP－L 模型计算单元垂向结构划分

资料来源：笔者绘制。

四　地下水流模型 MODFLOW 简介

MODFLOW 是 Modular Three-dimensional Finite-difference Groundwater Flow Model（三维有限差分地下水流数值模拟模型）的简称，MODFLOW 最显著的特点为模块化结构，包括一个主程序和一系列多个相对独立的子程序包。模块化的结构使得 MODFLOW 程序便于添加和修改子程序包。

MODFLOW 采用有限差分法求解地下水流方程。其空间离散一般采用矩形的网格剖分；在时间划分上采用应力期（Period），并继续划分为多个时段（Time Step）。MODFLOW 提供了多种迭代求解法，例如强隐式法（SIP）、预调共轭梯度法（PCG2）、逐次超松弛迭代法（SSOR）等。

五　MT3DMS 模型简介

MT3DMS 是应用最广泛的地下水溶质运移模型，该模型基于 1990 年的地下水污染物运移模型 MT3D 的第二代地下含水层溶质运移模型。虽然该模型主要用于单组分的物理迁移模拟，但是该模型的模块化设置以及多组分程序结构，使其方便与生物和地球化学模型结合模拟复杂的地化反应问题。MT3DMS 在地下水常用模拟软件中多以 MODFLOW 给出的水流结果作为动力条件，并且实现无缝连接。

六　气候变化情景

IPCC 在《第四次评估报告》中根据人口增长、经济发展、技术进步、环境条件和全球化等假设因子得到未来温室气候和硫酸盐气溶胶的排放情景，并根据这些排放情景来预测未来全球的气候变化情形。通常情况下不同的社会发展模式对应不同的排放情景。IPCC 在 2000 年提出了 SRES 排放的四类情景，本章选用其中的 A1B、A2 和 B1 三类。

第三节　研究结论

一　气候变化对地下水流变化的影响

国家气候中心将该模式进行集合制成了 1901—2099 年的月平均

数据。本章研究将选用海河流域平原区 2021—2050 年的降雨系列，并将该系列进行空间插值计算得到每个计算单元的月面雨量（见表 8—1）。

表 8—1　各气候变化情景下雨量预测结果

情景名称	年降水量（毫米）			变差系数 C_v
	平均值	最大值	最小值	
历史情况	499.89	649.72	367.19	0.151
SRES - A1B	552.17	770.92	352.5	0.167
SRES - A2	552.88	785.75	369.24	0.185
SRES - B1	568.61	806.13	381.84	0.186

资料来源：笔者整理。

根据基于物理机制的分布式“二元”水循环模型，计算在不同气候模式下的地下水补给量，将地下水补给量作为地下水水流模型（MODFLOW）的补给项。根据模拟，不同气候情景下的华北平原地下水水流情况见表 8—2。

表 8—2　各气候情景下各时间段年均变化（米）

时间段	浅层地下水			深层地下水		
	2020—2030 年	2030—2040 年	2040—2050 年	2020—2030 年	2030—2040 年	2040—2050 年
A1B	-0.532	-0.334	-0.295	-1.079	-0.45	-0.358
A2	-0.579	-0.36	-0.38	-1.124	-0.457	-0.404
B1	-0.556	-0.334	-0.314	-1.111	-0.43	-0.369

资料来源：笔者整理。

由表 8—2 可知，A2 情景下海河平原区地下水位下降最快，A1B 相对较好，B1 最好。深层地下水在 2020—2030 年年均下降 1 米以上，2030—2040 年年均下降 0.5 米左右，2040—2050 年年均下降 0.4 米。浅层地下水在 2020—2030 年年均下降 0.6 米，2030—2040 年平均下降 0.36 米，2040—2050 年均下降 0.3 米，但是 A2 情景下年均下降 0.4 米。具体的地下水位分布如图 8—3、图 8—4、图 8—5 所示。

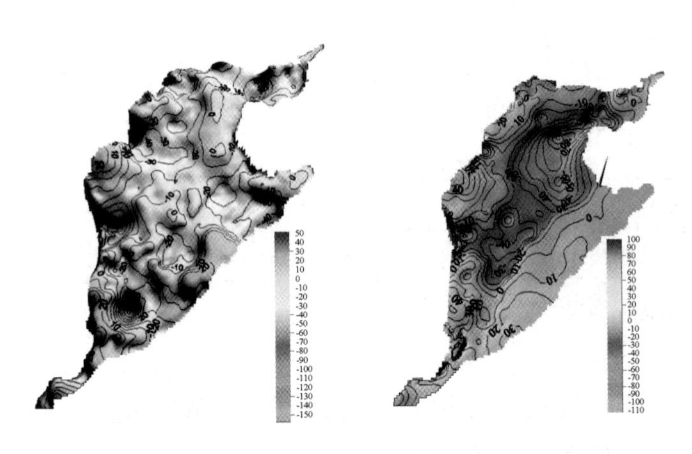

图 8—3　A1B 情景下 2050 年地下水流场预测

资料来源：笔者绘制。

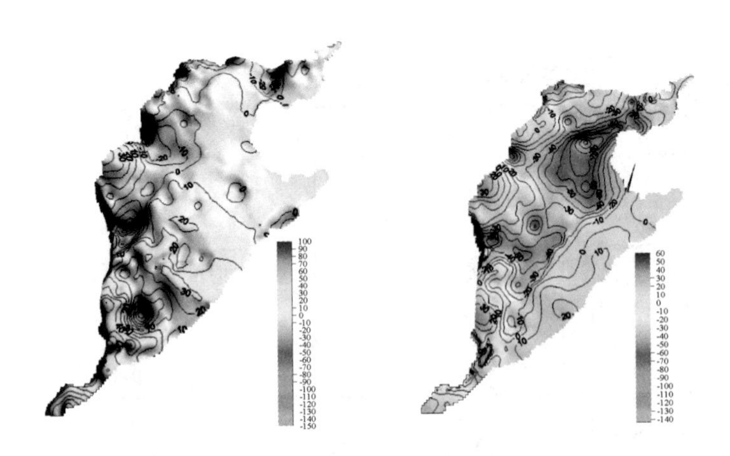

图 8—4　A2 情景下 2050 年地下水流场预测

资料来源：笔者绘制。

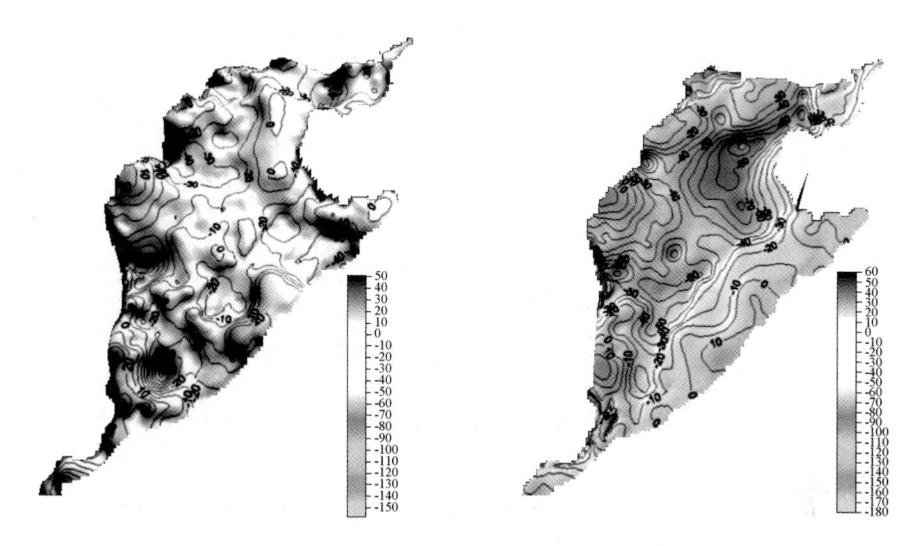

图 8—5　B1 情景下 2050 年浅层地下水流场预测

资料来源：笔者绘制。

二　气候变化对地下水质的影响

地下水氮污染面源负荷与地下水的垂向补给有很大的关系。根据具体的数量关系，地下水氮污染面源负荷与降雨和灌溉的总量呈现对数关系。本章根据历史数据，得出每个地市的对数函数；根据综合模拟框架测算出河道污染负荷的变化。三个情景下具体单位面积污染负荷如图 8—6 所示。

可以看出在 A1B 模式下，单位面积的地下含水层氮负荷在 2040 年—2050 年有上升趋势；在 A2 模式下，地下含水层氮污染负荷没有明显上升趋势；在 B1 模式下，地下含水层氮污染负荷虽然没有明显上升趋势，但是波动较其他两个模式剧烈。将上述预测作为 MT3DMS 的输入项，经过污染物运移模型进行模拟，可以得出不同气候情景下的地下含水层氮浓度场。在这三个气候变化情景下，海河流域平原区的北部地区的浅层地下水质很差，根据评价标准，这些地下水水质在 2050 年末将会在Ⅲ类水以上，属于不能直接饮用的

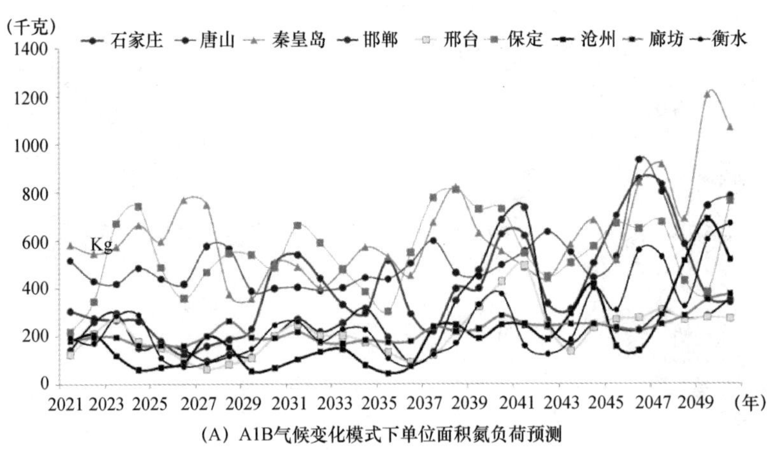

（A）A1B气候变化模式下单位面积氮负荷预测

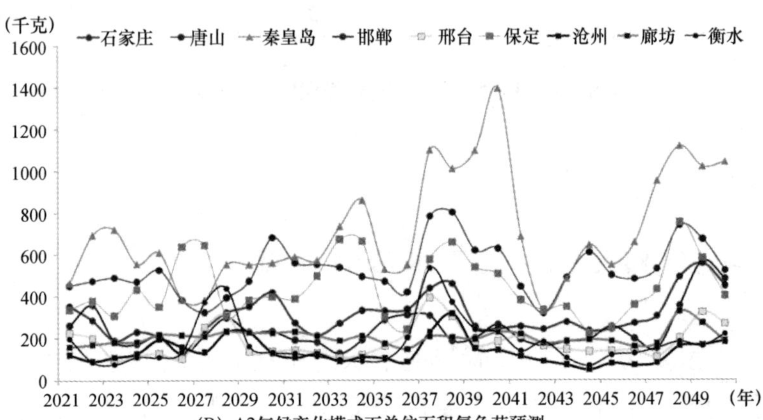

（B）A2气候变化模式下单位面积氮负荷预测

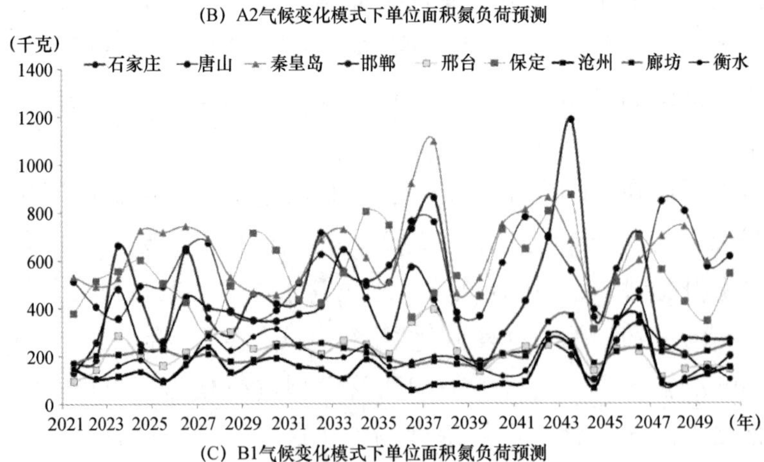

（C）B1气候变化模式下单位面积氮负荷预测

图8—6　单位面积地下水氮负荷预测

资料来源：笔者绘制。

地下水，可以看出，这些地下水将不能作为水源，这将危及北京、天津、唐山的供水安全。由图 8—7 可以看出，在 B1 情景下地下水水质最好，A2 与 B1 情景下相差不大，A1B 情景下地下水水质最差。这与该气候变化情景下 2040—2050 年的地下含水层氮污染负荷有很大的升高有很大关系。在低排放 B1 气候变化情景下，地下水总氮浓度最小。

根据模拟结果，在现状开发情景下，2020—2050 年海河流域平原区地下水位继续下降。其中 A2 情景下下降剧烈，A1B 和 B2 情景下相对 A2 较好。在这三个情景下，深层地下水水位下降较浅层地下水剧烈。此外，地下水位在 2040—2050 年下降速度较 2020—2030 年下降速度小。根据模型结果，在 A1B 气候情景下，各地市地下含水层单位面积氮负荷在 2040 年—2050 年有明显升高；在 A2 气候情景下，各地市地下含水层单位面积氮负荷发生明显波动，石家庄降幅明显，而保定增幅较大；在 B1 气候情景下，石家庄增幅最大，是其他两个情景的 1. 5—2 倍。预测结果显示：在三个气候变化情景下，2050 年北京、天津、唐山和秦皇岛的地下水水质较差，其中绝大部分地区水质劣于Ⅲ类，将严重影响未来该地区的供水安全。石家庄与保定均为单位地下水总氮负荷较高地区，由于有较丰富的山前补给水量，其总氮浓度最高为 15 毫克/升，大部分地区总氮浓度在 10 毫克/升以下。

第九章

基于水资源承载力的中国水资源管理效率研究

水是生命之源、生产之要、生态之基。各流域、区域对水资源的需求呈现多元化、多样化的趋势，区域、流域内各用水户之间的竞争日益激烈，水资源的危机由水资源量的危机发展到质的危机，再蔓延到人民群众对生态环境保护不满的社会危机。如何用尽量少的水资源满足人类对经济、社会、生态、环境等的需求成了亟须关注和解决的问题，这就是水资源管理的效率研究的内容。

第一节　中国省级层面水资源管理效率研究

由于水资源的稀缺性，水资源管理的目的是提高水资源效率、节约和保护水资源、提高经济发展水平。提高水资源利用效率是水资源可持续发展的核心问题。学者们已经认识到提高水资源效率研究的重要性，越来越多的研究集中在水资源效率上。

（一）方法介绍

本章借鉴曾先峰和李国平提出的农业全要素效率概念以及全要素能源效率概念，运用 DEA 方法测度全要素水资源利用效率。DEA

是 Charnes 和 Cooper 根据 Farrell 的非参数分析理论提出的一种新的系统分析方法。其主要思想是通过保持决策单元的输入或输出不变，利用数学规划方法将 DMU 投影到生产前沿面上，有效的点位于生产前沿面上，无效的点位于生产前沿面外。

本章关注的是水资源的投入要素，因此利用规模报酬不变假设下基于投入法的 DEA 模型。如图 9—1 所示，包络线上的 C_1 和 D_1 构成了最优前沿，它们是有效率的决策单元，而点 A_2、B_2 是非效率的，因为实现同样的产出需要更多的资源。需要提出的是，点 A_2 的要素无效损失包括两部分：一部分是由于 DMUA_2 的技术无效率而导致的所有投入资源过量 A_1A_2，另一部分是由于配置不恰当所导致的松弛量 A_1C_1，因此 $A_2C_1 = A_2A_1 + A_1C_1$，如果 A_2C_1 越大，则意味着同那些前沿上的有效点相比，该点可以在实现相同产出条件下能够调整、减少的水资源越多，也就表明该点的水资源效率越低。由于在计算过程中考虑了实际生产中所投入的其他生产要素，因此弥补了传统指标仅考虑水资源单一要素的缺陷。

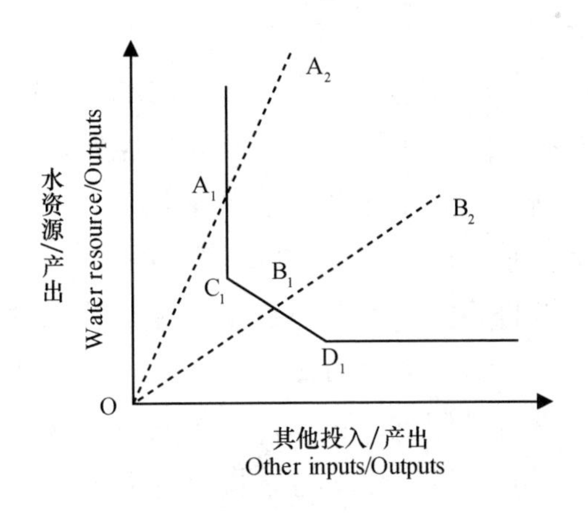

图 9—1　水资源利用效率示意

资料来源：笔者自制。

根据上述分析，定义全要素水资源利用效率为：

$$WRE_{i,t}=TWRI_{i,t}/AWRI_{i,t}=\frac{AWRI_{i,t}-LWRI_{i,t}}{AWRI_{i,t}}=1-\frac{LWRI_{i,t}}{AWRI_{i,t}}$$

其中 $WRE_{i,t}$ 为第 i 个省（自治区）第 t 年的水资源利用效率，*TWRI* 为目标水资源投入，也就是在当前生产技术水平下，为实现一定产出所需要的最少水资源投入数量，*AWRI* 为实际水资源投入数量，*LWRI* 为损失的水资源投入数量，*TEI* 为目标能源投入。此外，根据如下方程计算出每个 DMU 的水资源效率。

$$RWRE_{j,t}=\frac{RTWRI_{j,t}}{RAWRI_{j,t}}=\frac{\sum_{i\in j}TWRI_{i,t}}{\sum_{i\in j}AWRI_{i,t}}$$

其中 $RWRE_{j,t}$ 为区域 j 在第 t 年的水资源利用效率，等于区域内所有省份的目标水资源投入之和与实际水资源投入之和的比值，并将其作为表征各省份水资源管理的效率的指标。

（二）数据来源

由于数据可得性，以中国 30 个省份的资本存量、劳动力和水资源量作为投入要素，以各省 GDP 和污水排放作为产出要素进行分析，具体的投入产出数据说明如下。（1）GDP。各省每年的 GDP 变量采用的是基年不变价格计算的实际 GDP，原始数据来源于《中国统计年鉴》和《新中国六十年统计资料汇编》。（2）资本存量。学者们一般用永续盘存法来估计每年的实际资本存量。由于在计算过程中需要用到多年的数据，考虑到数据的可得性问题，不再考虑重庆、西藏。（3）劳动力。劳动力按照（当年年末就业人数 + 上一年年末就业人数）/2 计算得到，这里由于各省的人均教育水平等数据不可得，因此没有包括各省劳动力质量上的差异。年末就业人口数据来源于《中国统计年鉴》。（4）水资源量。以各省的水资源消耗量作为水资源投入，由工业用水、农业用水、生态用水和生活用水等四种用水总量加总而得，具体数据来源于《中国统计年鉴》和《中国水资源公报》。

（三）结果分析

本章研究首先将水资源作为投入要素，分析各省份水资源效率的情况，这样得出的就是水资源的技术效率。其次，考虑各省份水资源的承载力因素，将各省份水资源开发利用程度，或者是对天然水资源占用程度等作为投入变量进行分析。在研究中，将2009年、2012年作为典型年份进行研究，结果见表9—1、表9—2。

表9—1　　2009年各省（区、市）水资源管理效率情况

	技术效率	纯技术效率	规模效率	趋势	S1	S2	S3	效率（%）
北京	1.00	1.00	1.00	—	0.00	0.00	0.00	100.00
天津	1.00	1.00	1.00	—	0.00	0.00	0.00	100.00
河北	0.56	0.73	0.77	drs	0.00	296.28	0.00	100.00
山西	0.69	0.70	0.98	drs	0.00	594.56	0.00	100.00
内蒙古	0.48	0.63	0.76	drs	0.00	0.00	83.17	54.11
辽宁	1.00	1.00	1.00	—	0.00	0.00	0.00	100.00
吉林	0.55	0.61	0.91	drs	0.00	0.00	33.31	70.01
黑龙江	0.70	0.72	0.97	drs	0.00	0.00	206.62	34.67
上海	1.00	1.00	1.00	—	0.00	0.00	0.00	100.00
江苏	0.65	1.00	0.65	drs	0.00	0.00	0.00	100.00
浙江	0.74	0.97	0.76	drs	0.00	123.47	0.00	100.00
安徽	0.69	0.80	0.86	drs	0.00	1326.02	145.90	50.01
福建	0.74	0.78	0.95	drs	0.00	0.00	55.50	72.45
江西	0.31	0.39	0.78	drs	0.00	0.00	67.32	72.10
山东	0.69	1.00	0.69	drs	0.00	0.00	0.00	100.00
河南	0.51	0.70	0.72	drs	0.00	1777.88	0.00	100.00
湖北	0.54	0.65	0.84	drs	0.00	305.44	89.50	68.20
湖南	0.52	0.70	0.73	drs	0.00	1379.48	148.14	54.04
广东	0.74	1.00	0.74	drs	0.00	0.00	0.00	100.00
广西	0.41	0.47	0.87	drs	0.00	558.38	149.96	50.57
海南	0.55	0.82	0.68	irs	0.00	9.36	0.00	100.00

续表

	技术效率	纯技术效率	规模效率	趋势	S1	S2	S3	效率（%）
重庆	0.67	0.72	0.93	irs	0.00	637.48	0.00	100.00
四川	0.57	0.76	0.75	drs	0.00	2376.96	45.55	79.62
贵州	0.36	0.39	0.94	irs	0.00	906.87	0.00	100.00
云南	1.00	1.00	1.00	—	0.00	0.00	0.00	100.00
西藏	0.34	1.00	0.34	irs	0.00	0.00	0.00	100.00
陕西	0.47	0.55	0.85	drs	0.00	187.18	0.00	100.00
甘肃	0.26	0.27	0.95	drs	0.00	0.00	30.06	75.08
青海	0.41	1.00	0.41	irs	0.00	0.00	0.00	100.00
宁夏	0.40	0.54	0.74	irs	0.00	0.00	34.76	51.88
新疆	0.49	0.50	0.99	irs	0.00	0.00	481.95	9.22

注：“—”表示无趋势。“drs”表示下降，“irs”上升。

资料来源：笔者计算所得。

表9—2　　2012年各（区、市）水资源管理效率情况

	技术效率	纯技术效率	规模效率	趋势	S1	S2	S3	效率（%）
北京	0.92	1.00	0.92	drs	0.00	0.00	0.00	100.00
天津	1.00	1.00	1.00	—	0.00	0.00	0.00	100.00
河北	0.56	0.73	0.76	drs	0.00	0.00	0.00	100.00
山西	0.61	0.62	0.98	drs	0.00	264.03	0.00	100.00
内蒙古	0.58	0.64	0.91	drs	0.00	0.00	80.13	56.54
辽宁	1.00	1.00	1.00	—	0.00	0.00	0.00	100.00
吉林	0.60	0.64	0.94	drs	0.00	0.00	62.53	51.82
黑龙江	0.68	0.69	0.98	drs	0.00	0.00	244.69	31.82
上海	1.00	1.00	1.00	—	0.00	0.00	0.00	100.00
江苏	0.74	1.00	0.74	drs	0.00	0.00	0.00	100.00
浙江	0.78	1.00	0.78	drs	0.00	0.00	0.00	100.00
安徽	0.70	0.83	0.84	drs	0.00	1631.54	143.92	50.25
福建	0.73	0.76	0.96	drs	0.00	0.00	43.99	78.01

续表

	技术效率	纯技术效率	规模效率	趋势	S1	S2	S3	效率（%）
江西	0.34	0.40	0.84	drs	0.00	0.00	74.29	69.36
山东	0.69	1.00	0.69	drs	0.00	0.00	0.00	100.00
河南	0.48	0.67	0.71	drs	0.00	1114.24	0.00	100.00
湖北	0.53	0.67	0.80	drs	0.00	611.68	109.50	64.02
湖南	0.52	0.71	0.73	drs	0.00	1176.44	150.08	54.36
广东	0.79	1.00	0.79	drs	0.00	0.00	0.00	100.00
广西	0.41	0.44	0.94	drs	0.00	0.00	130.58	56.91
海南	0.55	0.87	0.63	irs	0.00	0.00	1.69	96.27
重庆	0.76	0.83	0.92	irs	0.00	262.75	0.00	100.00
四川	0.61	0.83	0.74	drs	0.00	2014.26	72.33	70.59
贵州	0.39	0.43	0.90	irs	0.00	380.61	0.00	100.00
云南	1.00	1.00	1.00	—	0.00	0.00	0.00	100.00
西藏	0.32	1.00	0.32	irs	0.00	0.00	0.00	100.00
陕西	0.54	0.61	0.88	drs	0.00	0.00	0.00	100.00
甘肃	0.29	0.29	0.99	drs	0.00	0.00	46.02	61.72
青海	0.43	1.00	0.43	irs	0.00	0.00	0.00	100.00
宁夏	0.43	0.62	0.69	irs	0.00	0.00	35.82	48.38
新疆	0.51	0.52	0.98	irs	0.00	0.00	540.52	8.40

注：“—”表示无趋势。“drs”表示下降，“irs”上升。

资料来源：笔者计算所得。

从将水资源作为生产要素计算的全要素生产率可以看出，2009年位于生产前沿面的有北京、天津、辽宁、上海和云南，2012年则只有天津、辽宁、上海和云南。从水资源效率（理想中的水资源投入与实际水资源投入的比值）来看，2009年，内蒙古、吉林、黑龙江、安徽、福建、江西、湖北、湖南、广西、四川、甘肃、宁夏、新疆的水资源效率是生产无效的，在水资源投入方面存在一定程度的冗余。2012年，内蒙古、吉林、黑龙江、安徽、福建、江西、湖北、湖南、广西、海南、四川、甘肃、宁夏、新疆的水资源效率没有达到最优。由此可见，这两个年份的水资源效率没有大的差别，除了吉林的水资源效率从2009年的0.7左右下降到2012年的0.5左右。

其中，新疆是这两个年份中水资源效率最低的，这与新疆的实际情况有极大的关系。从实际情况来看，新疆利用7倍于陕西的水资源投入只创造了陕西50%的产出。从新疆实际用水结构来看，2009年，新疆用水量为530.9亿立方米，其中农业用水为489.4亿立方米，占总用水量的92.2%。此外，黑龙江、吉林、安徽、湖南、湖北、广西、甘肃、宁夏等水资源效率都比较低，福建、四川虽然没有达到最优效率，但是水资源效率相对较高。

从内在原因来说，农业用水的绝对数量和相对比重是影响水资源效率的重要原因。根据农业用水绝对量与水资源效率的相关系数（-0.7）以及农业用水占比与水资源效率的相关系数（-0.42）来看，农业用水量越大，水资源效率越低。从水资源无效率的省份分布来看，这些省份都是国家农产品主产区。其中，黑龙江、吉林位于东北平原农产品主产区，并且生产优质水稻，对农业用水量需求较大；此外，这两个省份多是一年一季型生产，产出受到限制。根据《全国新增1000亿斤粮食生产能力规划（2009—2020年）》，吉林和黑龙江是新增粮食生产能力的重要省份，相较2009年，2012年吉林和黑龙江农业用水增量很大。内蒙古和宁夏是河套灌区粮食主产区，就相对面积而言，灌区占宁夏相当大的比例，这两个省份水资源效率相对较低。

第二节　考虑水资源承载力的水资源投入冗余

经济社会的用水需求是人类社会系统实际的用水需求，而生态环境的用水需求是自然系统为保持其自身稳定对水资源的需求。后者在当今的研究和决策中占有越来越高的权重，这主要有两个方面的原因。一是客观条件决定的，在忽视生态环境用水的情况下，势必对生态环境造成极大的破坏，破坏自然系统的稳定，最终对区域人类系统造成毁灭性的打击，发展难以持续。二是随着经济社会的发展，人类的需求呈现多样化的趋势，不仅有对于生态环境的需求，更有主动保护生态环境意识的觉醒，“绿水青山就是金山银山”。

在水资源开发、利用、节约与保护的管理实践中，水资源规划对于指导全国、区域、流域的水资源开发与利用起着主导作用。其中，水资源评价是对区域内的水资源进行总体评价，并对区域水资源利用总量提供参考。一般来说，区域经济社会发展应该符合水资源承载力的要求，即区域经济发展的用水量应该在区域水资源总量减去生态环境所用水资源量的范围以内。然而，部分地区的粗放式发展不考虑水资源、水环境的承载能力，过度消费水资源和水环境，造成“代际不平等”，发展难以持续。例如，海河流域的水资源开发利用率已高达120%以上，人类社会经济发展的用水量已超过区域水资源量的20%，黄河、淮河流域的开发利用率也高达80%以上，导致了水危机。

（1）利用线性转换法考虑水资源承载力的水资源投入冗余情况。为了考虑水资源承载力，对水资源的投入采用线性转换法进行转换。在考虑水资源承载力的水资源投入中，将用水后各省份水资源总量的剩余（u_i）作为一个体现指标。但是，由于该指标是负向指标，对此采用线性转换法进行转换，即：$\mathrm{Max}(u)-u_i$作为水资源的投入指标。考虑水资源承载力的各省份2010年、2012年的效率见表9—3、表9—4。由于考虑水资源承载力后，冗余与水资源承载力方面的投入的比值没有实际意义，这里不再将其作为水资源效率的指标，只从冗余S3来进行分析。

表9—3　　　　2010年考虑承载力后水资源冗余情况

	技术效率	纯技术效率	规模效率	趋势	S1	S2	S3
北京	0.785	0.792	0.991	drs	0	0	156.388
天津	1	1	1	—	0	0	0

续表

	技术效率	纯技术效率	规模效率	趋势	S1	S2	S3
河北	0.635	0.653	0.973	drs	0	0	987.463
山西	0.529	0.537	0.985	drs	0	0	279.323
内蒙古	0.622	0.623	0.999	irs	0	0	0
辽宁	1	1	1	—	0	0	0
吉林	0.607	0.609	0.996	irs	0	0	0
黑龙江	0.719	0.72	0.998	irs	0	0	0
上海	1	1	1	—	0	0	0
江苏	0.929	0.997	0.932	drs	3711.818	0	1349.681
浙江	0.878	0.879	1	—	0	0	0
安徽	0.781	0.81	0.965	drs	0	1419.25	271.01
福建	0.839	0.842	0.997	irs	0	0	0
江西	0.418	0.423	0.989	irs	0	0	0
山东	0.813	0.851	0.955	drs	1814.778	0	1402.357
河南	0.557	0.596	0.934	drs	0	1389.759	880.332
湖北	0.681	0.681	1	—	0	0	0
湖南	0.803	0.803	1	—	0	38.816	0
广东	1	1	1	—	0	0	0
广西	0.522	0.523	0.998	irs	0	0	0
海南	0.566	0.891	0.636	irs	0	0	3673.406
重庆	0.572	0.583	0.981	irs	0	0	942.105
四川	1	1	1	—	0	0	0
贵州	0.326	0.327	0.996	irs	0	0	292.798
云南	1	1	1	—	0	0	0
西藏	1	1	1	—	0	0	0
陕西	0.485	0.485	1	—	0	0	0
甘肃	0.262	0.265	0.991	drs	0	0	148.842
青海	0.408	0.614	0.664	irs	0	0	3370.932
宁夏	0.398	0.556	0.716	irs	0	0	3986.258
新疆	0.49	0.498	0.983	irs	0	0	234.366

注："—"表示无趋势。"drs"表示下降，"irs"上升。

资料来源：笔者计算。

表9—4　　2012年考虑承载力后水资源冗余情况

	技术效率	纯技术效率	规模效率	趋势	S1	S2	S3
北京	0.889	0.889	1	—	0	0	5.664
天津	1	1	1	—	0	0	0
河北	0.633	0.647	0.977	drs	0	0	916.426
山西	0.548	0.555	0.989	drs	0	0	226.056
内蒙古	0.646	0.648	0.997	irs	0	0	0
辽宁	1	1	1	—	0	0	0
吉林	0.642	0.644	0.998	irs	0	0	0
黑龙江	0.699	0.701	0.998	irs	0	0	0
上海	1	1	1	—	0	0	0
江苏	0.973	1	0.973	drs	0	0	0
浙江	0.93	0.932	0.997	irs	0	0	0
安徽	0.792	0.834	0.949	drs	0	1631.536	368.55
福建	0.839	0.842	0.997	irs	0	0	0
江西	0.421	0.427	0.987	irs	0	0	0
山东	0.767	0.858	0.894	drs	2337.998	588.3	1523
河南	0.523	0.586	0.893	drs	0	1215.95	1253.05
湖北	0.642	0.667	0.962	drs	0	611.678	94.853
湖南	0.774	0.779	0.994	drs	0	116.82	0
广东	1	1	1	—	0	0	0
广西	0.519	0.521	0.996	irs	0	0	0
海南	0.553	0.874	0.633	irs	0	0	3433.379
重庆	0.698	0.718	0.973	irs	0	0	1131.483
四川	1	1	1	—	0	0	0
贵州	0.371	0.386	0.963	irs	0	0	756.563
云南	1	1	1	—	0	0	0
西藏	1	1	1	—	0	0	0
陕西	0.611	0.612	0.999	irs	0	0	0
甘肃	0.287	0.288	0.998	drs	0	0	34.153

续表

	技术效率	纯技术效率	规模效率	趋势	S1	S2	S3
青海	0.431	0.665	0.648	irs	0	0	2844.026
宁夏	0.426	0.621	0.686	irs	0	0	3694.184
新疆	0.51	0.523	0.975	irs	0	0	701.178

注："—"表示无趋势。"drs"表示下降，"irs"上升。

资料来源：笔者计算。

从表9—3、表9—4可以看出，北京、河北、山西、江苏、安徽、山东、辽宁、河南、湖北、海南、重庆、贵州、甘肃、青海、宁夏、新疆还存在冗余的情况，从实际情况来看，北京、河北、山西、江苏、安徽、山东、辽宁、河南、甘肃、宁夏、新疆属于水资源开发利用程度较高的省份。这些省份的水资源投入对水资源承载力来说相对无效率。

(2) 开发利用率作为水资源承载力投入的管理效率研究。本章研究在以上研究的基础上将水资源开发利用率作为区域的投入要素，分析区域的水资源效率。开发利用率为用水量与区域水资源总量的比值，反映了区域水资源开发利用程度。考虑到区域水资源量年际变化等问题，丰枯年份等对承载力的影响较大，因此本章研究选用了2010年作为典型年份。在水资源投入冗余的处理上，考虑到本章研究假定水资源承载力可以作为一种要素，不再拘泥于水资源绝对量才能作为投入的问题。然后，将理想的开发利用程度与区域水资源总量结合进行还原，结果见表9—5。

表9—5　　　　2010年水资源管理效率

	技术效率	纯技术效率	规模效率	趋势	S1	S2	S3	效率(%)
北京	0.903	0.926	0.975	irs	678.614	0	0	100
天津	1	1	1	—	0	0	0	100
河北	0.599	0.653	0.918	drs	0	0	1.063	23.74

续表

	技术效率	纯技术效率	规模效率	趋势	S1	S2	S3	效率（%）
山西	0.564	0.569	0.991	irs	0	0	0	100
内蒙古	0.929	0.987	0.941	irs	5247.186	0	0	99.95
辽宁	1	1	1	—	0	0	0	100
吉林	0.797	0.854	0.933	irs	851.917	0	0	100
黑龙江	0.767	0.779	0.984	irs	0	0	0	100.06
上海	1	1	1	—	0	0	0	100
江苏	0.959	0.997	0.962	drs	3711.818	0	0.517	64.10
浙江	0.989	0.994	0.995	irs	0	0	0	99.88
安徽	0.696	0.81	0.859	drs	0	1419.25	0.134	57.93
福建	1	1	1	—	0	0	0	99.59
江西	0.465	0.479	0.97	irs	1948.083	0	0	99.66
山东	0.828	0.851	0.973	drs	1814.778	0	0.405	43.77
河南	0.473	0.596	0.792	drs	0	1389.759	0.185	55.97
湖北	0.652	0.661	0.987	drs	0	172.562	0	100
湖南	0.758	0.779	0.972	drs	0	324.203	0	100
广东	1	1	1	—	0	0	0	100
广西	0.521	0.524	0.994	drs	0	0	0	99.77
海南	0.566	0.891	0.636	irs	0	0	0.063	32.46
重庆	0.572	0.583	0.981	irs	0	0	0.005	97.82
四川	1	1	1	—	0	0	0	99.54
贵州	0.409	0.41	0.997	irs	0	0	0	99.94
云南	1	1	1	—	0	0	0	100
西藏	0.468	1	0.468	irs	0	0	0	100
陕西	0.565	0.587	0.963	irs	118.341	0	0	99.80
甘肃	0.297	0.303	0.978	irs	0	0	0	99.98
青海	0.48	0.731	0.657	irs	0	0	0	100
宁夏	0.398	0.556	0.716	irs	0	0	7.551	2.97
新疆	0.614	0.657	0.935	irs	0	0	0	100

注：“—”表示无趋势。“drs”表示下降，“irs”上升。

资料来源：笔者计算。

第三节　考虑水资源承载力的水资源管理效率

本研究针对现有的问题，在以下方面提出改进。第一，将传统的将水资源量作为投入指标改为考虑水资源承载力的区域水资源利用开发率作为投入指标。这主要是考虑到对于一个区域来说，水资源绝对量大小的投入意义不大，一是一定水量投入在不同区域的经济环境意义上存在很大差别；二是一定水量投入在不同年份的经济环境意义上也存在很大差别。将水资源开发利用率作为水资源投入因素可以反映出这种经济环境意义的时空变化情况。第二，采用DEA窗口模型计算具有时间序列可比性的各省份的考虑承载能力的水资源效率，并分析其时空演变趋势。

（一）方法

本研究选用DEA模型作为基本模型，针对考虑水资源承载力的投入指标进行DEA分析。在研究目标集｛A｝中有 n 个决策单元（Decision Make Units，DMUs）。每个决策单元（DMU_i）有 m 种投入指标和 p 种产出指标，分别用投入变量 X 和产出变量 Y 表示。X_{ij} 表示第 i 个决策单元的第 j 种投入量，并且投入大于零。Y_{ij} 表示第 i 个决策单元的第 j 个产出量。对于每个DMU，其投入导向下CCR-DEA模型为：

$$\begin{cases} Min\left\{\theta - \varepsilon\left(\sum_{j=1}^{m} s^{-} + \sum_{j=1}^{p} s^{+}\right)\right\} = \omega_d(\varepsilon) \\ \sum_{j=1}^{n} \gamma_j x_j + s^{+} = \theta x_0 \\ \sum_{j=1}^{n} \gamma_j y_j - s^{-} = y_0 \\ s^{+} \geqslant 0; s^{-} \geqslant 0 \end{cases} \tag{9—1}$$

式（9—1）中s^+、s^-分别为松弛变量，θ 为 DMU 的有效值；ε 为阿基米德的无穷小量。在式（9—1）的基础上，加入凸性约束条件，使得规模报酬可变，就是 BCC-DEA 模型，其凸性条件可以表示为 $\sum_{j=1}^{n} \gamma_j = 1, \gamma_j \geqslant 0$。根据 BCC-DEA 模型，可以得到每个决策单元的技术效率（TE），技术效率又分为纯技术效率（PTE）和规模效率（SE），其中 $TE = PTE * SE$。技术效率是投入既定下产出的最大能力，或者产出既定下投入的最小能力，规模效率表示与规模有效点相比规模经济性的发挥程度；纯技术效率指的是剔除规模因素的效率。公式（9—1）中，当 $\theta = 1$ 且s^+和s^-均为 0 时，决策单元为 *DEA* 有效，决策单元的经济活动同时为技术有效和规模有效；当 $\theta = 1$ 且$s^+ \neq 0$ 或者$s^- \neq 0$ 时，决策单元为弱 DEA 有效，决策单元的经济活动不是同时为技术效率最佳和规模最佳；当 $\theta < 1$ 时，决策单元不是 DEA 有效，既不是技术效率最佳，也不是规模最佳。

以上是 DEA 模型的基本情况。本次在对区域水资源效率进行研究的过程中，对 DEA 模型的基本设定是凸性约束条件，并且是规模可变的，即上述的 BCC-DEA 作为基本的模型。需要说明的是，本次研究没有采用非期望产出的思路，主要是考虑废水是社会水循环的一部分，是水资源回归自然水体的必经之路，将其作为非期望产出既不合适也不科学，因此本研究不考虑非期望产出的一些非径向假定，故采用径向模型。

窗口 DEA 模型是基于移动平均的方法而来，其基本思路是把一个 DMU 在不同时期的表现作为不同的 DMU 进行效率测算，然后通过移动平均进行综合计算。通过窗口 DEA 模型，一个 DMU 的水资源效率不但可以与同时期的其他 DMU 进行静态比较，也可以与不同时期的自身效率进行动态比较。

窗口宽度 d 是窗口模型中需要设定的参数，根据 Charnes 等（1994）的研究，d 选择 3 或者 4 可以在可信度和稳定性等方面达到最优，本次研究选择窗口宽度为 3。窗口模型中每次计算，一共有 d×n 个 DMU（n 为决策单元 DMU 数量），计算出 d×n 个效率值。

对于整个研究时期 T，一共需要进行 T 次计算，并且有 T - d + 1 个窗口效率运算。从第一个时间节点 t 开始（t = 1，2，3，…，T），计算出 d × n 个效率值（DMU1 ~ DMUn 在 1 - d 个时期的效率值），然后在第二个时间节点计算出 d × n 个效率值（DMU1 - DMUn 在 2 - d + 1 时期的效率值）。直到第 t 个时间节点的 d × n 个效率值。最后取各个时间节点上的平均效率值，就是每个 DMU 在不同时间节点上的效率值。其基本计算过程见表 9—6（以窗口宽度 3，时期为 8 为例）。

表 9—6　　　　DMU 在不同时期的窗口模型过程

T	1	2	3	4	5	6	7	8
窗口 1	θ_{11}	θ_{12}	θ_{13}					
窗口 2		θ_{21}	θ_{22}	θ_{23}				
窗口 3			θ_{31}	θ_{32}	θ_{33}			
窗口 4				θ_{41}	θ_{42}	θ_{43}		
窗口 5					θ_{51}	θ_{52}	θ_{53}	
窗口 6						θ_{61}	θ_{62}	θ_{63}
平均效率值								

注：空白栏表示无任何参数。

资料来源：笔者整理。

（二）数据

本次研究计算的实质上是全要素水资源效率，由于要把区域的水资源承载力考虑进去，因此需要对水资源承载力进行处理。考虑到 2011 年是最严格水资源管理制度开始实施的年份。最严格水资源管理制度划定了用水总量红线，对管理者和用水户都是硬约束，倒逼用水的节约，因此有必要对 2011 年前后的情况进行比较分析。

本次研究时间段为 2005—2012 年。选取省份为中国 31 个省份，选取各省份 GDP 作为唯一产出变量（2005 年不变价），选取各省份资本存量（以 1952 年不变价）、劳动力人数、各省份考虑承载力的水资源投入作为投入变量。其中，各省份 GDP 来自《中国统计年鉴》，并且根据 GDP 平减指数进行处理得出以 2005 年不变价的各省份各年份的实际 GDP。各省份资本存量的方法来源于张军和章元（2003）的研究，由于该方法将四川和重庆作为一个省份进行研究，本次研究以四川和重庆的各年份实际 GDP 作为权重，将四川和重庆的资本存量进行划分，根据此方法，得到 2005—2012 年 31 个省份的资本存量。劳动力投入指标来源于各年《中国统计年鉴》，其中，2006 年劳动力投入数据缺失，采用 2005 年和 2007 年的数据插值估计。2011 年、2012 年劳动投入数据根据《中国统计年鉴》中公布数据同比例估算得到。考虑区域承载力的水资源投入采用水资源利用总量比上水资源总量进行考量。各省份水资源总量和水资源利用总量来源于各年《中国环境统计年鉴》。在考虑承载能力的水资源投入指标选取中，利用本章初拟采用的线性数据转换法来对该指标进行处理，但是在实际计算过程中，由于实际水资源的绝对量反映不出水资源的禀赋优势，即使对数值进行线性数据转换，仍然难以反映水资源承载能力的情况，此外，该方法还存在一定的不确定性。所以将水资源开发利用率作为各省份考虑承载力的水资源投入。因此一共有 31 个决策单元 8 年的数据，其一般统计性描述见表 9—7。

表 9—7　　　　　　　　数据的描述性统计

指标	最小值	中位数	均值	最大值
GDP（亿元）	248.8	7751.4	10217.7	48207.2
资本存量（亿元）	160.6	3670.5	5913.9	29847.5
劳动力（万人）	140.4	2011.9	2389.1	6554.3
水资源利用量（亿立方米）	22.33	180.69	191.06	590.1
水资源总量（亿立方米）	8.4	559.1	862.6	4593.0
水资源利用率（%）	0.7	31	81	918

资料来源：笔者整理。

从表 9—7 可以看出，中国各省份经济发展水平差距较大，但是水资源情况差别更大，水资源的开发利用率的均值在81%左右，中位数也在31%，接近国际规定的开发利用率40%的红线。最大值为9.18，即区域水资源利用量为区域水资源总量的9.18倍。水资源利用率的最大值为宁夏，宁夏面积较少，气候干旱，降雨较少，每年水资源总量在9亿立方米左右（表9—7中水资源总量的最小值也为宁夏），但是其水资源利用总量在70亿立方米左右，严重超过区域水资源承载能力，其超出的水量来源于黄河干流，是造成黄河干流流量不足，形成功能性断流的重要原因之一。从这个方面也可以看出本次研究的必要性。

（三）总体分析

根据DEA窗口模型得到2005—2012年各省份的考虑水资源承载力的水资源效率，结果见表9—8。除了展示各省份各年份的水资源效率之外，本章还对各年份的均值以及各省份的均值进行了计算。

表9—8　　2005—2012年各省份水资源效率

	2005年	2006年	2007年	2008年	2009年	2010年	2011年	2012年	年份平均
北京	0.89	0.85	0.90	0.98	0.84	0.81	0.92	1.00	0.90
天津	0.96	0.98	1.00	1.00	1.00	1.00	0.98	1.00	0.99
河北	0.52	0.54	0.58	0.57	0.54	0.57	0.58	0.60	0.56
山西	0.56	0.58	0.63	0.59	0.57	0.56	0.58	0.57	0.58
内蒙古	0.67	0.72	0.76	0.86	0.88	0.87	0.87	0.92	0.82
辽宁	1.00	1.00	1.00	1.00	1.00	1.00	1.00	1.00	1.00
吉林	0.69	0.71	0.76	0.76	0.77	0.80	0.71	0.79	0.75
黑龙江	0.68	0.71	0.73	0.72	0.77	0.75	0.70	0.70	0.72
上海	0.83	0.88	0.96	0.96	0.98	1.00	0.97	1.00	0.95
江苏	0.80	0.83	0.90	0.90	0.91	0.92	0.95	1.00	0.90
浙江	0.85	0.86	0.89	0.86	0.87	0.97	0.89	1.00	0.90
安徽	0.61	0.62	0.68	0.68	0.70	0.69	0.71	0.74	0.68

续表

	2005 年	2006 年	2007 年	2008 年	2009 年	2010 年	2011 年	2012 年	年份平均
福建	0.95	1.00	0.99	0.91	0.82	0.99	0.76	0.98	0.92
江西	0.39	0.40	0.42	0.44	0.46	0.48	0.44	0.49	0.44
山东	0.68	0.70	0.76	0.77	0.78	0.78	0.74	0.77	0.75
河南	0.60	0.51	0.58	0.48	0.44	0.47	0.45	0.46	0.50
湖北	0.61	0.59	0.70	0.66	0.59	0.64	0.52	0.56	0.61
湖南	0.64	0.69	0.72	0.72	0.67	0.74	0.61	0.77	0.70
广东	0.95	0.99	0.99	1.00	0.99	1.00	1.00	1.00	0.99
广西	0.54	0.57	0.57	0.62	0.52	0.52	0.46	0.56	0.54
海南	0.68	0.68	0.79	0.83	0.84	0.87	0.88	0.86	0.80
重庆	0.66	0.63	0.76	0.71	0.66	0.61	0.72	0.75	0.69
四川	1.00	0.82	0.95	0.97	0.94	0.97	0.95	1.00	0.95
贵州	0.39	0.40	0.45	0.46	0.43	0.43	0.44	0.54	0.44
云南	1.00	1.00	1.00	1.00	1.00	1.00	1.00	1.00	1.00
西藏	1.00	1.00	1.00	1.00	1.00	1.00	1.00	1.00	1.00
陕西	0.48	0.45	0.50	0.51	0.55	0.57	0.58	0.79	0.56
甘肃	0.31	0.31	0.33	0.32	0.33	0.33	0.33	0.34	0.33
青海	0.71	0.72	0.75	0.77	0.80	0.80	0.79	0.86	0.78
宁夏	0.67	0.67	0.68	0.69	0.66	0.67	0.69	0.72	0.68
新疆	0.62	0.61	0.62	0.61	0.60	0.64	0.59	0.57	0.61
区域平均	0.71	0.71	0.75	0.75	0.74	0.76	0.74	0.79	

资料来源：笔者计算。

从表 9—8 可以看出，中国的水资源平均效率呈现缓慢上升的趋势，从 2005 年、2006 年的 0.71，上升到 2012 年的 0.79。这不仅反映了中国经济的结构不断优化、技术不断进步，而且反映了中国经济的发展与水资源承载力的适应程度不断增加。2012 年是中国实行最严格水资源管理制度的第 1 年，不但制定了“三条红线”，而且也制定了考核制度，水资源总量和水资源效率成了不能突破的硬约束。此外，2012 年的水资源量较正常年份多了 6%，水资源的承载能力有一定程度的提高。

分省份来看，辽宁、云南、西藏的年均效率最优（达到1），每年都位于生产的前沿面上，其中云南和西藏水资源非常丰富。2012年，北京、天津、上海、江苏、浙江、广东、四川的效率也都达到1，可以看出，即使在考虑区域水资源承载力的情况下，东部省份的表现也比较好，其中北京、天津、上海的水资源开发利用率都大于1，这三个市的水资源利用量已超过区域的水资源总量，要靠外部水量来运行，其中，北京的水资源效率2005—2011年一直在0.9左右，其中2009年和2010年轻微地下降到0.85，2012年达到1。根据对应年份《北京市水资源公报》，2012年北京市平均降水量达到708毫米，比2011年多28%，比多年平均多21%，水资源总量比2011年多50%左右，区域水资源总量超过水资源利用量，河道断面出现明显的涨水过程，水资源承载力得到明显改善，这是2012年北京市效率达到1的最有利因素。2009年和2010年，北京市水资源总量在22亿立方米以下，水资源利用量超过水资源总量11亿多立方米，区域水资源开发利用率分别达到1.6和1.5，超过一半的水资源量是由外部调入。这也是2009—2010年水资源效率降低的首要原因。天津大部分时间位于生产前沿面上，主要是依赖于天津较低的资本存量投入，其水资源开发利用率多在2以上，说明水资源开发利用已严重超过其承载能力，但是从其产出来看效率较高，这一点说明水资源承载能力的牺牲具有一定的有效性。辽宁一直位于生产前沿面上，这有赖于其较低的资本存量和合理的水资源承载力投入以及较高的产出，统计数据显示，辽宁水资源开发利用系数在50%左右，在北方气候条件相似的省份中表现最好。河北和山西的水资源效率在0.58左右，从其水资源承载力投入来看，河北逐步下降，山西则稳定。内蒙古则从2005年的0.67逐步上升到2012年的0.92，快速增加的产出和水资源总量是其水资源效率增加的主要原因。

黑龙江水资源效率从2009年开始有短暂的下降，这与2009年

《中国新增1000亿斤粮食生产能力规划》的实施有很大关系。安徽、江西、河南、湖北、湖南、广西和贵州的水资源效率都基本在0.7以下，其中江西、贵州、河南基本在0.5以下，体现出了无效率。山东、海南、青海的水资源效率在0.8左右，其中山东的水资源承载力限制了其效率；而海南和青海则是较小的水资源投入促进了其效率的提高，这一升一降让经济效率较高的山东与经济效率较低的海南和青海的水资源效率相当。甘肃的水资源效率最低，体现了西北干旱区水资源承载能力的问题。而水资源开发利用系数达到9.18的宁夏，其水资源效率稳定在0.68左右，体现了黄河干流分水方案对宁夏的分水有很好的效果。

（四）分区域分析

从上面的分析可以看出，各省份的效率存在很大的差别，但是也存在一定的区域规律。从中国传统的区域划分，即东、中、西部分别来看[①]。东部地区效率平均达到0.88，中部地区效率平均为0.62，西部地区效率平均为0.70。存在效率东部>西部>中部的情况。这是由经济效率和水资源效率决定的，中部地区最低也与中部地区承担较多发展任务有很大关系，其中中部地区8个省份都是粮食主产区，考虑到农业是用水最多，但用水效率、单方水产出都非常低的产业，因此水资源承载力的效率低于西部地区也合理。但是由于西部地区面积广袤，水资源、土地和经济社会形势都有很大的区别，因此，本次研究采用国务院发展研究中心提出的分区模式，该分区模式既考虑自然禀赋的差别，又考虑经济社会发展的协同和联系。其经济区的产业结构如下。东北综合经济区（NE）包括辽宁、吉林、黑龙江，为重型装备和设备制造业基地、能源原材料制

---

① 其中东部地区包括：辽宁、河北、北京、天津、山东、江苏、上海、浙江、福建、广东、海南11个省（市）；中部地区包括黑龙江、吉林、山西、河南、安徽、湖北、湖南、江西8个省；西部地区包括内蒙古、陕西、宁夏、甘肃、新疆、青海、西藏、四川、重庆、云南、贵州、广西12个省（区、市）。

造业基地、全国性的专业化农产品生产基地。北部沿海综合经济区（NC）包括北京、天津、河北、山东，为最有实力的高新技术研发和制造中心之一。东部沿海综合经济区（EC）包括上海、江苏、浙江，为最具影响力的多功能制造业中心。南部沿海经济区（SC）包括福建、广东、海南，为最重要的外向型经济发展基地、消化国外先进技术的基地、高档耐用消费品和非耐用消费品生产基地，也是高新技术产品制造中心。黄河中游综合经济区（GY）包括陕西、山西、河南、内蒙古，为最大的煤炭开采和煤炭深加工基地、天然气和水能开发基地、钢铁工业基地、有色金属工业基地、奶业基地。长江中游综合经济区（YC）包括湖北、湖南、江西、安徽，是以水稻和棉花为主的农业地区专业化生产基地及相关深加工工业、以钢铁和有色冶金为主的原材料基地、汽车生产基地。大西北综合经济区（NW）包括甘肃、青海、宁夏、新疆，是重要的能源战略接替基地，最大的综合性优质棉、果、粮、畜产品深加工基地。大西南综合经济区（SW）包括云南、贵州、四川、重庆、广西、西藏[①]，是以重庆为中心的重化工业和以成都为中心的轻纺工业两大组团。

图9—2是各区域水资源效率随时间变化的趋势，从图中可以看出，2005—2012年，水资源效率有增加的趋势。从效率值的区间来看8个区域可以分为4组。其中，南部沿海和东北沿海位于0.9—1的区间，是水资源效率和水资源承载能力最高的区域。在2008年之前南部沿海区域的水资源效率略高于东部沿海的效率，而从2009年开始，东部沿海的水资源效率则高于南部沿海的，2012年东部沿海的效率达到1，整体位于生产前沿面上。从区域的功能来看，这两个区域都是制造业中心和生产附加值较高的基地，体现了较高的经济效率和水资源承载能力。

---

① 在国务院发展研究中心的研究中，西藏位于大西北区，本次研究将西藏划为大西南。

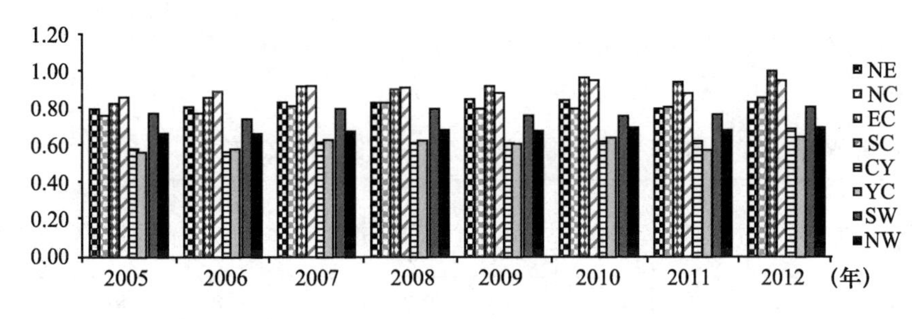

图 9—2　中国 8 大经济区的水资源效率演变形势

资料来源：笔者绘制。

东北地区与北部沿海地区的水资源效率相差不大，都位于 0.8 的左右，体现了水资源效率与水资源承载力相匹配的态势。但是在内部，河北的水资源效率相对低下，考虑水资源承载能力的水资源效率与区域内其他省份相差比较大。2005—2012 年，北部沿海提高幅度稍大，体现了正在寻找负荷区域水资源承载力的经济发展方式。

大西北和大西南区域的水资源效率基本位于 0.7—0.8 的区间，其中大西南区域高于大西北区域。这是由于大西南区域水资源普遍丰富，但是开发利用率不高、产业组织也不完善造成的，虽然该区域具有较高的水资源承载力，但是区域的发展水平相对较低，影响了水资源效率。大西北区域是水资源短缺的区域之一，由于是中国主要的能源分布区域，能源的开采和加工是耗费水资源较多的行业。此外，大西北地区也是优质棉、果、粮、畜产品基地，这些产业需要大量的水资源。因此呈现了大西南区域的水资源效率高于大西北区域水资源效率 0.1 的情况。黄河中游区域和长江中游区域是水资源效率值最低的两个区域，多年平均水资源效率值都是 0.61，但是从时间变化来看，水资源效率有提高的趋势。这种低效率主要与其产业安排有很大的关系，这两个区域都是中国重要的粮食主产区、能源和原材料基地，其中粮食生产消耗大量的水资源，虽然农业用水占比逐步降低，但仍保持在 60% 以上。此外，能源、钢铁和原材料加工等行业是用水最多的 6 个工业行业之一，并且这些行业相对于沿海地区的制造业来说，产出较低。因此，长江中游和黄河中游区域的水资源效率和水资源承载能力都没有达到最优。

表 9—9　　　中国 8 大经济带考虑水资源承载能力的效率值

	2005 年	2006 年	2007 年	2008 年	2009 年	2010 年	2011 年	2012 年	平均
NE	0.79	0.81	0.83	0.83	0.85	0.85	0.80	0.83	0.82
NC	0.76	0.77	0.81	0.83	0.79	0.79	0.81	0.84	0.80
EC	0.83	0.86	0.92	0.91	0.92	0.96	0.94	1.00	0.92
SC	0.86	0.89	0.92	0.91	0.88	0.95	0.88	0.95	0.91
CY	0.58	0.56	0.62	0.61	0.61	0.62	0.62	0.69	0.61
YC	0.56	0.58	0.63	0.62	0.60	0.64	0.57	0.64	0.61
SW	0.76	0.74	0.79	0.79	0.76	0.76	0.76	0.81	0.77
NW	0.66	0.66	0.68	0.68	0.68	0.69	0.68	0.70	0.68

资料来源：笔者计算。

（五）结论

本章在已有研究的基础上，考虑之前水资源效率研究没有考虑水资源承载力的情况，将水资源开发利用程度作为水资源承载力的投入指标分析水资源效率。在传统的 DEA 模型难以进行时间序列上的比较的情况下，本研究引入窗口 DEA 模型。根据中国 31 个省份 2005—2012 年的实际 GDP（2005 年价）、资本存量（1952 年价）、劳动力投入和水资源承载力投入，计算出 2005—2012 年各省份的考虑水资源承载力的效率，并进行总体的分析和分区域的分析。由结果可知，2005 年—2012 年，中国考虑水资源承载力的水资源效率有效提升，从 2005 年的 0.71 提高到 2012 年的 0.79。2012 年是实施最严格水资源管理制度的第 1 年，2012 年的效率也较 2011 年有大幅的提高，尽管有水资源总量较 2011 年增加 6% 的因素在内。从分省的结果来看辽宁、西藏、云南、北京、天津、上海、江苏、浙江、广东、四川的效率较高，其中辽宁、北京、天津、上海、江苏、浙江、广东在经济效率上具有优势，并且能够契合这些区域水资源开发利用程度高的态势；云南、四川、西藏区域内水资源总量丰富，具有较高的水资源承载能力。从分区域的结果来看，8 大经济带可以分为 4 组，东部沿海和南部沿海具有较高的水资源效率，东北地区和北部沿海次之，大西南和大西北再次之，黄河中游和长江中游位居最后。本章从水资源承载力和产业分布来分析背后的原因，认为农业主产区和能源、原材料基地的行业安排是黄河中游和长江中游水资源低效率的最主要原因。

对此本研究得出以下政策启示。第一，加强各区域之间的优势互补，特别是大西北区域与大西南区域在水资源和能源上的优势互补，在大西南地区水电能源基地的基础上，研究规划形成火电基地以及研究大西南地区向大西北地区的调水方案，例如“天河工程”“南水北调西线”工程等。第二，为长江中游和黄河中游经济带“减负”，这两个区域的水资源、土地资源以及其他自然资源相对丰富，由于国家层面的粮食生产、能源产业发展以及经济安全的考量，这两个区域的水资源效率一直呈现较低的水平，对此应该对这两个区域进行适当“减负”，提高水资源效率，形成活力，一是加强黄河中游和长江中游区域交通的“米”字形建设，特别是黄河中游与大西南区域的交通联系；二是形成对大西南地区的产业转移，将高耗水的产业进一步向大西南地区转移。

参考文献

陈瑞莲等:《中国流域治理研究报告》,格致出版社 2011 年版。

董辅祥、董欣董:《城市与工业节约用水理论》,中国建筑工业出版社 2000 年版。

菲克:《危机管理》,台北经济与生活出版事业公司 1987 年版。

贾绍凤、吕爱锋、韩雁、龙秋波、朱文彬、燕华云:《中国水资源安全报告》,科学出版社 2014 年版。

林洪孝:《水资源管理与实践》,中国水利水电出版社 2012 年版。

M. 格拉姆鲍夫:《水资源综合管理》,中国环境科学出版社 2011 年版。

宋蕾:《水资源管理法律问题研究》,中国政法大学出版社 2015 年版。

王建华、王浩等:《社会水循环原理与调控》,科学出版社 2014 年版。

温铁军:《解读苏南》,苏州大学出版社 2011 年版。

余潇枫、潘一禾、王江丽:《非传统安全概论》,浙江人民出版社 2006 年版。

赵宝璋:《水资源管理》,中国水利水电出版社 1993 年版。

《21 世纪水安全——海牙世界部长级会议宣言》,《中国水利》2000 年第 7 期。

鲍淑君、贾仰文、高学睿、蔡思宇:《水资源与能源纽带关系国际动态及启示》,《中国水利》2015 年第 11 期。

布雷特·辛斯基、蓝勇、刘建、钟春来、严奇岩:《气候变迁和中国历史》,《中国历史地理论丛》2003 年第 2 期。
陈莹、刘昌明:《大江大河流域水资源管理问题讨论》,《长江流域资源与环境》2004 年第 3 期。
成建国、杨小柳、魏传江、赵伟:《论水安全》,《中国水利》2004 年第 1 期。
丁相毅、贾仰文、王浩、牛存稳:《气候变化对海河流域水资源的影响及其对策》,《自然资源学报》2010 年第 4 期。
董筱丹、梁汉民、区吉民、温铁军:《乡村治理与协同安全的相关问题研究——新经济社会学理论视角的结构分析》,《国家行政学院学报》2015 年第 2 期。
方子云:《提供水安全是 21 世纪现代水利的主要目标——兼介斯德哥尔摩千年国际水会议及海牙部长级会议宣言》,《水利水电科技进展》2001 年第 1 期。
封永平:《安全维度转向:人的安全》,《现代国际关系》2006 年第 6 期。
高季章、王浩:《西北生态建设的水资源保障条件》,《中国水利》2002 年第 10 期。
谷树忠、姚予龙:《国家资源安全及其系统分析》,《中国人口·资源与环境》2006 年第 6 期。
韩宇平、阮本清、解建仓:《多层次多目标模糊优选模型在水安全评价中的应用》,《资源科学》2003 年第 4 期。
韩玉贵:《非传统安全威胁上升与协同安全观念的演变》,《教学与研究》2004 年第 9 期。
何贻纶:《协同安全观刍议》,《政治学研究》2004 年第 3 期。
贺骥、董藩、刘毅:《试析中国水资源管理的对策》,《中国水利》2005 年第 5 期。
洪阳:《中国 21 世纪的水安全》,《环境保护》1999 年第 10 期。
胡洪彬:《中国协同安全问题研究:历程、演变与趋势》,《中国人民大学学报》2014 年第 4 期。

黄昌硕、耿雷华、陈晓燕:《农业用水效率影响因素及机理分析》,《长江科学院院报》2018 年第 1 期。

贾绍凤、张士锋:《海河流域水资源安全评价》,《地理科学进展》2003 年第 4 期。

姜文来:《中国 21 世纪水资源安全对策研究》,《水科学进展》2001 年第 1 期。

康绍忠:《水安全与粮食生产》,《中国生态农业学报》2014 年第 8 期。

李玮、刘家宏、贾仰文、王喜峰:《社会水循环演变的经济驱动因素归因分析》,《中国水利水电科学研究院学报》2016 年第 5 期。

李瑛:《多极化时代的安全观:从协同安全到世界安全》,《世界经济与政治》1998 年第 5 期。

刘家宏、王浩、高学睿、陈似蓝、王建华、邵薇薇:《城市水文学研究综述》,《科学通报》2014 年第 36 期。

刘沛林:《从长江水灾看国家生态系统体系建设的重要性》,《北京大学学报》(哲学社会科学版)2000 年第 2 期。

刘跃进:《"安全"及其相关概念》,《江南社会学院学报》2000 年第 3 期。

刘跃进:《总体国家安全观视野下的传统协同安全问题》,《当代世界与社会主义》2014 年第 6 期。

柳建平:《安全、人的安全和协同安全》,《世界经济与政治》2005 年第 2 期。

秦大庸、陆垂裕、刘家宏、王浩、王建华、李海红、褚俊英、陈根发:《流域"自然—社会"二元水循环理论框架》,《科学通报》2014 年第 Z1 期。

桑学锋、周祖昊、秦大庸、陈强:《基于广义 ET 的水资源与水环境综合规划研究Ⅱ:模型》,《水利学报》2009 年第 10 期。

沈大军:《水管理:理论及手段》,《自然资源学报》2005 年第 1 期。

沈大军:《论流域管理》,《自然资源学报》2009 年第 10 期。
沈大军:《水权及其影响》,《世界环境》2009 年第 2 期。
盛龙、陆根尧:《中国生产性服务业集聚及其影响因素研究——基于行业和地区层面的分析》,《南开经济研究》2013 年第 5 期。
石斌:《“人的安全”与协同安全——国际政治视角的伦理论辩与政策选择》,《世界经济与政治》2014 年第 2 期。
汪育俊:《全面理解“协同安全”概念》,《江南社会学院学报》2000 年第 1 期。
王浩、王建华、贾仰文等:《现代环境下的流域水资源评价方法研究》,《水文》2006 年第 3 期。
王浩、王建华:《中国水资源与可持续发展》,《中国科学院院刊》2012 年第 3 期。
王沪宁:《集分平衡:中央与地方的协同关系》,《复旦学报》(社会科学版)1991 年第 2 期。
王江丽:《安全化:生态问题如何成为一个安全问题》,《浙江大学学报》(人文社会科学版)2010 年第 40 卷第 4 期。
王金霞、徐志刚、黄季焜、Scott Rozelle:《水资源管理制度改革、农业生产与反贫困》,《经济学》(季刊)2005 年第 4 期。
王喜峰、贾仰文、牛存稳:《基于水环境复杂系统理论的地下水氮污染负荷来源的测度方法》,《重庆理工大学学报》(自然科学)2015 年第 1 期。
吴伟、吴斌:《中国水资源经济安全初探》,《水利经济》2012 年第 6 期。
习近平:《坚持总体国家安全观走中国特色协同安全道路》,《中国监察》2014 年第 9 期。
夏军:《华北地区水循环与水资源安全:问题与挑战》,《地理科学进展》2002 年第 6 期。
夏军、刘孟雨、贾绍凤、宋献方、罗毅、张士峰:《华北地区水资源及水安全问题的思考与研究》,《自然资源学报》2004 年第

5 期。
夏立平：《北极环境变化对全球安全和中国协同安全的影响》，《世界经济与政治》2011 年第 1 期。
肖笃宁、陈文波、郭福良：《论生态系统的基本概念和研究内容》，《应用生态学报》2002 年第 3 期。
许立新：《灌区地面水与地下水联合运用水资源优化调度》，《水利科技与经济》2013 年第 2 期。
杨得瑞、姜楠、马超：《关于水资源综合管理与最严格水资源管理制度的思考》，《水利发展研究》2013 年第 1 期。
杨帅、温铁军：《经济波动、财税体制变迁与土地资源资本化——对中国改革开放以来“三次圈地”相关问题的实证分析》，《管理世界》2010 年第 4 期。
叶国文：《预警和救治：从“9・11”事件看政府危机管理》，《国际论坛》2002 年第 3 期。
余潇枫、周章贵：《水资源利用与中国边疆地区粮食生产——以新疆为例》，《云南师范大学学报》（哲学社会科学版）2009 年第 6 期。
张文木：《21 世纪气候变化与中国协同安全》，《太平洋学报》2016 年第 12 期。
张翔、夏军、贾绍凤：《水安全定义及其评价指数的应用》，《资源科学》2005 年第 3 期。
张宇燕：《诺思教授与新制度经济学》，《制度经济学研究》2003 年第 1 期。
郑通汉：《论水资源安全与水资源安全预警》，《中国水利》2003 年第 11 期。
钟飞腾：《发展型安全：中国的一项大战略》，《中国社会科学院国际研究学部集刊》2015 年第 8 卷。
朱艳：《中国工程院院士，水资源专家王浩：“地下排污是中国地下水污染元凶”》，《环境与生活》2013 年第 2 期。

畅明琦:《水资源安全理论与方法研究》，博士学位论文，西安理工大学，2006 年。

郑芳:《水资源安全理论和保障机制研究》，硕士学位论文，山东农业大学，2007 年。

Arrow, K. J., Fisher, A. C., *Environmental Preservation, Uncertainty, and Irreversibility*, Classic papers in natural resource economics. London: Palgrave Macmillan, 1974: 76 – 84.

Baojun, C., Yuxiang, L., "Study on water saving effect of the system of increase price and allocate subsidy", *China Water Resources*, No. 7, 2010.

Betts, J. R., "Two exact, non-arbitrary and general methods of decomposing temporal change", *Economics Letters*, Vol. 30, No. 2, 1989.

Breshears, D. D., Cobb, N. S., Rich, P. M., et al., "Regional vegetation die-off in response to global-change-type drought", *Proceedings of the National Academy of Sciences*, Vol. 102, No. 42, 2005.

Brown, N., "Climate, ecology and international security", *Survival*, Vol. 31, No. 6, 1989.

Brunnée, J., Toope, S. J., "Environmental security and freshwater resources: Ecosystem regime building", *American Journal of International Law*, Vol. 91, No. 1, 1997.

Bullock, John, Adel, Darwish, *Water Wars: Coming Conflicts in the Middle East*, London: Victor Gollancz Press, 1993.

Buzan, B., "New patterns of global security in the twenty-first century", *International Affairs*, Vol. 67, No. 3, 1991.

Buzan, B., Wæver, O., Wæver, O., et al., *Security: A New Framework for Analysis*, Boulder: Lynne Rienner Publishers, 1998.

Chandrakanth, M. G., *Water Resource Economics: Towards a Sustainable Use of Water for Irrigation in India*, Springer, 2015.

Costanza, R., d'Arge, R., De Groot, R., et al., "The value of the world's ecosystem services and natural capital", *Nature*, Vol. 387, No. 6630, 1997.

Dietzenbacher, E., Los, B., "Structural decomposition analyses with dependent determinants", *Economic Systems Research*, Vol. 12, No. 4, 2000.

Erik Lichtenberg, James Shortle, Jameswilen, And David Zilberman, "Natural Resource Economics And Conservation: Contributions Of Agricultural Economics And Agricultural Economists", *Journal of Agriculture Economics.* Vol. 92, No. 2.

Freeman, K. S., "Water Politics and National Security in the Tigris-Euphrates Rivers Basin", ph. D Dissertation of The University of Alabama, 2000.

Fujimagari, D., "The sources of change in Canadian industry output", *Economic Systems Research*, Vol. 1, No. 2, 1989.

Gisser, M., "Groundwater: focusing on the real issue", *Journal of Political Economy*, Vol. 91, No. 6, 1983.

Gleick, P. H., "Global freshwater resources: soft-path solutions for the 21st century", *Science*, Vol. 302, No. 5650, 2003.

Gleick, P. H., "Water, drought, climate change, and conflict in Syria", *Weather, Climate, and Society*, Vol. 6, No. 3, 2014.

Gohar, A. A., Ward, F. A., Amer, S. A., "Economic performance of water storage capacity expansion for food security", *Journal of hydrology*, Vol. 484, 2013.

Grimm, N. B., Faeth, S. H., Golubiewski, N. E., et al., "Global change and the ecology of cities", *science*, Vol. 319, No. 5864, 2008.

Hossain, M. M., Islam, M. A., Ridgway, S., et al., "Management of inland open water fisheries resources of Bangladesh: issues and options", *Fisheries Research*, Vol. 77, No. 3, 2006.

Jones, P. A., "Compliance Mechanisms of International Water Agreements: A Case of US-Mexico Boundary Waters", *Water International-*

al, Vol. 25, No. 4, 2000.

Kayser, G. L., Amjad, U., Dalcanale, F., et al., "Drinking water quality governance: a comparative case study of Brazil, Ecuador, and Malawi", *Environmental Science & Policy*, Vol. 48, 2015.

Keskinen, M., Someth, P., Salmivaara, A., et al., "Water-energy-food nexus in a transboundary river basin: The case of Tonle Sap Lake, Mekong River Basin", *Water*, Vol. 7, No. 10, 2015.

Kibaroglu, A., "An analysis of Turkey's water diplomacy and its evolving position vis-à-vis international water law", *Water International*, Vol. 40, No. 1, 2015.

Krutilla, J. V., "Conservation reconsidered", *The American Economic Review*, Vol. 57, No. 4, 1967.

Kukalis, S., "Agglomeration economies and firm performance: the case of industry clusters", *Journal of Management*, Vol. 36, No. 2, 2010.

Leb, C., "The UN Watercourses Convention: the éminence grise behind cooperation on transboundary water resources", Water International, Vol. 38, No. 2, 2013.

Lichtenberg, E., Shortle, J., Wilen, J., et al., "Natural resource economics and conservation: contributions of agricultural economics and agricultural economists", *American Journal of Agricultural Economics*, Vol. 92, No. 2, 2010.

Liu, J., Mooney, H., Hull, V., et al., "Systems integration for global sustainability", *Science*, Vol. 347, No. 6225, 2015.

Mapp, H. P., Bernardo, D. J., Sabbagh, G. J., et al., "Economic and environmental impacts of limiting nitrogen use to protect water quality: A stochastic regional analysis", *American Journal of Agricultural Economics*, Vol. 76, No. 4, 1994.

Maull, H. W., *Raw Materials, Energy and Western Security*, Springer, 1984.

Meinzen-Dick, R., Raju, K. V., Gulati, A., "What affects organization and collective action for managing resources? Evidence from canal irrigation systems in India", *World Development*, Vol. 30, No. 4, 2002.

Návar, J., Mendez, J., Bryan, R. B., et al., "The contribution of shrinkage cracks to bypass flow during simulated and natural rainfall experiments in northeastern Mexico", *Canadian Journal of Soil Science*, Vol. 82, No. 1, 2002.

Pigou, A. C., *The Economics of Welfare*, 4th ed. London:, 1952.

Segerson, K., "Uncertainty and incentives for nonpoint pollution control", *Journal of Environmental Economics and Management*, Vol. 15, No. 1, 1988.

Shafiee-Jood, M., Cai, X., "Reducing food loss and waste to enhance food security and environmental sustainability", *Environmental Science & Technology*, Vol. 50, No. 16, 2016.

Sheaves, M., Brookes, J., Coles, R., et al., "Repair and revitalisation of Australia's tropical estuaries and coastal wetlands: Opportunities and constraints for the reinstatement of lost function and productivity", *Marine Policy*, Vol. 47, 2014.

Shen Dajun, "Post – 1980 water policy in China", *International Journal of Water Resources Development*, Vol. 30, No. 4, 2014.

Sun, T., Wang, J., Huang, Q., et al., "Assessment of water rights and irrigation pricing reforms in Heihe River Basin in China", *Water*, Vol. 8, No. 8, 2016.

Swain, A., "Constructing water institutions: appropriate management of international river water", *Cambridge Review of International Affairs*, Vol. 12, No. 2, 1999.

Tang, S. Y., *Institutions and Collective Action: Self-governance in Irrigation*, ICS Press, 1992.

Twomlow, S., Love, D., Walker, S., "The nexus between integrated natural resources management and integrated water resources management in southern Africa", *Physics and Chemistry of the Earth*, Parts A/B/C, Vol. 33, No. 8 – 13, 2008.

Wang, J., Zhang, L., Huang, J., "How could we realize a win-win strategy on irrigation price policy? Evaluation of a pilot reform project in Hebei Province, China", Journal of Hydrology, Vol. 539, 2016.

Water and Conflict, http://pacinst.org/issues/water-and-conflict/#wpcf7 – f230 – o1.

Weinberg, M., Kling, C. L., Wilen, J. E., "Water markets and water quality", *American Journal of Agricultural Economics*, Vol. 75, No. 2, 1993.

Weinthal, E., Zawahri, N., Sowers, J., "Securitizing water, climate, and migration in Israel, Jordan, and Syria", *International Environmental Agreements: Politics, Law and Economics*, Vol. 15, No. 3, 2015.

White, R., "Environmental insecurity and fortress mentality", *International Affairs*, Vol. 90, No. 4, 2014.

Wild, J., Shaw, K. W., Chiappetta, B., *Fundamental Accounting Principles*, McGraw-Hill Higher Education, 2010.

Williams, P. D., "Security studies: an introduction", *Security Studies*, Routledge, 2012.

Willrich, M., *Energy & World Politics*, Simon and Schuster, 1978.

Zeitoun, M., Eid-Sabbagh, K., Loveless, J., "The analytical framework of water and armed conflict: a focus on the 2006 Summer War between Israel and Lebanon", *Disasters*, Vol. 38, No. 1, 2014.

Zhang, Y. G., "Economic Development Pattern Change Impact on China ps Carbon Intensity", *Economic Research Journal*, Vol. 4, 2010.

Zhao, J., Kling, C. L., "Welfare measures when agents can learn: a unifying theory", *The Economic Journal*, Vol. 119, No. 540, 2009.